增强免疫力的3个元素

关键营养

〔日〕满尾正◎著

佟凡◎译

U0240079

北京科学技术出版社

著作权合同登记号　图字：01-2022-2671

图书在版编目（CIP）数据

关键营养：增强免疫力的 3 个元素 /（日）满尾正著 ；佟凡译 . — 北京 ：北京科
学技术出版社，2022.8
　ISBN 978-7-5714-2328-5

Ⅰ . ①关…　Ⅱ . ①满…②佟…　Ⅲ . ①营养素 – 基本知识　Ⅳ . ① Q493

中国版本图书馆 CIP 数据核字（2022）第 087355 号

策划编辑：韩　芳
责任编辑：白　林
文字编辑：郑梦皎
图文制作：北京瀚威文化传播有限公司
责任印制：张　良
出 版 人：曾庆宇
出版发行：北京科学技术出版社
社　　址：北京西直门南大街 16 号
邮政编码：100035
电　　话：0086-10-66135495（总编室）
　　　　　0086-10-66113227（发行部）
网　　址：www.bkydw.cn
印　　刷：河北鑫兆源印刷有限公司
开　　本：850 mm×1168 mm　1/32
印　　张：5
字　　数：100 千字
版　　次：2022 年 8 月第 1 版
印　　次：2022 年 8 月第 1 次印刷
ISBN 978-7-5714-2328-5

定　　价：52.00 元

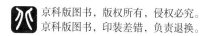

序言　为了战胜新型冠状病毒肺炎疫情

第一章　有关增强免疫力的最新研究成果

第二章　现代人应该补充的三大营养素

第三章　在不知不觉中过量摄入的可怕物质

为了战胜新型冠状病毒肺炎疫情

此时此刻，人们需要学习正确的营养学知识，认真思考如何将日常的饮食变成自身的"优质资产"。

　　如果不能做到这一点，不仅会影响人们当下的健康状况，还会影响人们未来的生命质量。而健康状况恰恰是决定生命质量的重要因素之一，因此，改善健康状况至关重要。

　　新型冠状病毒肺炎（COVID-19，下文简称"新冠肺炎"）在全世界的流行彻底改变了世界的发展进程。人们的生活和工作甚至人际关系都受到了巨大的影响。

　　新冠肺炎刚刚开始蔓延时，人们对新型冠状病毒（下文简称"新冠病毒"）的特点几乎一无所知。由于无症状感染者（感染了病毒却没有相关临床症状的人）四处走动，新冠病毒疯狂传播。

　　新冠肺炎患者会出现哪些症状？医生应该采取哪些措施帮助患者？一开始，由于医学界对新冠病毒的研究尚处于摸索阶段，很多人因没有得到恰当的治疗而失去了生命。几乎每个人都不得不面对这些"看不见的敌人"，体会从未经历过的恐惧。这份恐惧一直持续到现在，甚至有不少人连面对邻居都胆战心惊。

　　"人们常说一个人养老需要至少2,000万日元①，我之前一直考虑怎样才能存够这些钱，但现在我已经顾不上这些了，我甚至不知道自己还能不能活到下个月。"有

---

① 根据本书出版时的汇率，1日元≈0.05人民币。——编者注

人这样说。可以说，很多人的人生观发生了典范转移^①。

随着研究逐渐深入，各国的研究人员发现新冠肺炎的致死率并不太高，人们渐渐冷静下来，开始根据自己的习惯不断改善生活方式。

虽然要花费一定的时间，但人们最终一定能找到应对新冠肺炎的方法。

不过，未来还可能发生类似的事情。在社会发展的过程中，人类需要不断地与新型疾病战斗，无论人类文明发展到什么程度，这一点都不会改变。

可以说，人类文明发展的程度越高，病毒就越"聪明"，甚至能针对疫苗发生变异。新冠病毒就很"聪明"。实际上，我们不得不长期与病原体（如病毒、细菌）战斗。

天花、肺结核等疾病以前被认为是绝症，但后来人们找到了治疗方法，就不再害怕它们了。天花是最古老，也是死亡率最高的传染病之一。1980年5月，世界卫生组织宣布人类成功消灭天花病毒。尽管现在依然有人因肺结核而丧命，但人们已经找到了治疗肺结核的方法，体弱的老人和慢性疾病患者在面对肺结核时不再处于绝对劣势。

面对新冠肺炎这样的新型疾病时，一个人免疫力的强弱决定了他最终能否战胜病魔。只要没有行之有效的治疗方法或特效药，人就只能依靠自身的免疫力与病魔

---

①典范转移：一个学科领域出现新的学术成果，打破了原有的假设或者法则，从而迫使人们对该学科的很多基本理论做出根本性修正。在这里指人们的行为方式或思维方式发生根本性转变。——译者注

战斗。

我想，在这段时间里，你一定经常听到"免疫力"这个词。每个人的免疫力不同，新冠肺炎的转归①也因人而异。

有些人在感染新冠病毒后不会出现任何症状。而出现症状的人又分为轻症患者和重症患者，有些重症患者甚至会失去生命。决定患者命运的是患者的免疫力，这是全世界人民的共识。健康意识强的人一定知道，从普通的感冒到严重的癌症，一切疾病的发生都与免疫力低下有关。

那么，免疫力究竟是什么呢？我们又该如何增强免疫力呢？能准确回答这些问题的人少得出人意料。

①转归：疾病发展的结局。——译者注

采用正确的饮食方式
能增强免疫力

人体的自我防御系统（免疫系统）可以抵御病原体等外界异物的入侵，清除体内的癌细胞及其他有害物质。可以说，让免疫系统正确发挥作用的能力就叫"免疫力"。

所谓"正确发挥作用"，并非让免疫系统不顾一切地工作。人体内的免疫系统一旦失去控制，就会导致严重的危害。

很多因患新冠肺炎而失去生命的人体内都曾出现细胞因子风暴（cytokine storm）。病毒进入人体后，免疫细胞被激活，释放大量细胞因子。细胞因子原本应该在危险出现时保护人体，但如果它们大量涌入血液，也会伤害血管壁，并导致血块凝结，进而形成血栓，堵塞肺、心脏、大脑等器官中的血管。

人们最初认为新冠病毒只会引起肺炎，不过随着研究的深入，人们发现感染新冠病毒的人还可能患上血管疾病，甚至其全身所有部位都有可能发生病变。

因此，要想健康地活下去，就要努力让体内的免疫系统正确发挥作用。

　　为预防新冠肺炎，除了常洗手、勤通风、保持社交距离之外，增强免疫力同样是各地都在宣传的对策。请你保持饮食营养均衡和睡眠充足，不要积攒不必要的精神压力。

　　"饮食很重要"尽管是老生常谈，但它的确是真理。总之，要想拥有强大的免疫力，必须采用正确的饮食方式，构建合理的饮食结构。

　　在我为患者阐述饮食的重要性时，大多数人都表现得有些不耐烦。我想，他们以前每次检查身体时一定都听过同样的话，耳朵都快起茧子了。

　　做到"饮食营养均衡"本来就非常困难。只是单纯地不偏食，肉类、鱼类和蔬菜都吃，并不能将免疫力保持在最高水平，这是因为现代的食物与以前的不同了。

　　在我小时候，做到不偏食，肉类、鱼类和蔬菜都吃对人们而言就足够了。不过，人们现在需要考虑得更多：不仅要考虑"应该吃什么"，还必须考虑"不应该吃什么"。

　　饮食是为了摄入生存所不可或缺的营养素。因此，你应该很容易理解选择优质食物和避开劣质食物的重要性。

　　如今，市面上的很多食品都是人们按化学配方通过工业化流程制作出来的加工食品，其加工过程并不公开透明，因此就连蔬菜制品都可能失去了蔬菜原本含有的营养素。

现代人经常吃的方便面、甜食和经常喝的软饮料，与其说它们是食物，不如说它们是食品生产商制造的"异物"。

市面上的预制菜中可能有食品添加剂。此外，因为很多蔬菜种植者过度使用农药或化学肥料，所以连新鲜蔬菜都可能存在重金属元素或其他有毒物质含量超标的问题。

你明明想吃优质食物，却因此摄入了有害物质，这不仅会导致你无法增强免疫力，还会损害你的健康。

提高营养学素养，增加"健康资产"

我写本书的目的是让你通过饮食增强免疫力，长久地保持健康。你如果拥有了"健康资产"，无论遇到什么传染病都能活下去。如果每个人都拥有"健康资产"，人类就能进入"人人都能活到100岁"的时代。

要想提高营养学素养，就必须了解更多有关食物的知识。

我创办了专门提供抗衰老医疗服务和预防医疗服务的满尾诊疗中心。我曾是日本杏林大学医学部附属医院急救中心的一名医生，在一线抢救患者。当时，几乎每天都有心肌梗死、脑梗死、脑出血、急性呼吸功能不全等疾病发作的重症患者被送到医院。

在急救领域，营养管理非常重要，它对患者的预后情况影响极大。医生在成功抢救患者后，必须通过食管插管术为无法进行正常饮食的患者提供营养素。在这种情况下，为了避免患者体内营养素比例失调，医生要斟酌营养素的剂量和种类。

遗憾的是，我有抢救患者失败的经历。在工作之余，我深入研究营养学，并成为美国哈佛大学外科代谢营养研究室的研究员。

在美国哈佛大学，我看到了管理营养师①与医生就患者的治疗方案进行平等讨论的情景。管理营养师的地位很高，他们的见解很受他人的重视。

我就是在这样的环境中以研究员的身份深入学习、研究了有关食物和营养素的知识。

过去，大多数外科医生都秉持"只要切除病变组织就好"的态度，他们并不关心患者的营养状况。而如今，医疗专业人士普遍认识到了营养管理的重要性。他们知道，如果在患者营养状况不佳的情况下做手术，将导致患者的伤口难以愈合、预后情况不佳。因此，医学界的研究人员开始在患者术前的营养管理方面投入精力。

在美国哈佛大学的留学经历让我意识到营养学对保持健康而言是最重要的学科。现在，新冠病毒很可能长期存在，可以说，营养学知识是每个人保护自己的必要知识。

我创办的满尾诊疗中心提供预防医疗服务。我确信，饮食与以增强免疫力为重点的预防医疗息息相关。

在满尾诊疗中心，医生会详细分析患者的血液数据等信息，深入了解患者的身体状况。我通过长期观察得知，普通体检无法发现人体内的某些异常状况。当然，这些身

---

① 管理营养师：相当于我国的注册营养师。——编者注

体异常的人中的大多数都出现了免疫力下降的情况。

　　不过，在免疫力低下时，只要采用正确的饮食方式，就能改善身体状况。长期坚持下去，养成良好的饮食习惯，你一定能获得真正的健康。

现代人体内不足的营养素和超标的有害物质

　　我不可能与每一位读者见面，因此无法判断每一位读者的健康状况。不过根据我多年积累的经验和研究数据，我相信我的建议适用于大多数人。在本书中，我会为你介绍那些不太注意饮食健康的现代人的健康状况，以及你应该如何改善健康状况。

　　现代人的特点其实非常明显。现代人体内维生素D、镁、锌的水平普遍不高，我会在后面为你详细介绍。

　　另外，现代人体内的有害物质普遍超标。要想保持健康，就必须尽可能地减少磷、有害金属元素、糖类、人工甜味剂等物质的摄入。

　　你可能想问："我不知道镁、锌、磷都是什么，这些都存在于食物中吗？"

　　没错。它们都存在于与你的免疫力息息相关的食物中。

　　在本书中，我将为你介绍我在提供抗衰老医疗服务和预防医疗服务的过程中掌握的知识、我的见解，以及有关营养学的最新研究成果。与此同时，我会尽可能地更正社会上常见的有关饮食的错误观念。

　　请你认真审视自己的饮食观念，不要自以为是，提高自己的营养学素养并真正增强自己的免疫力。你的营养学素养和免疫力是比金钱和人际关系更加宝贵的、能惠及你一生的"健康资产"。

第一章

有关增强免疫力
的最新研究成果

现代人普遍缺少、可增强 免疫力的营养素

相关研究显示：大多数采用现代生活方式的人都缺乏维生素D、镁和锌。

即使是看上去相当健康的人，其体内也很可能缺乏这3种营养素。实际上，这3种营养素对人体非常重要，在提高人体免疫力方面扮演着重要的角色。而现代人的日常饮食明显缺乏这3种营养素。

另外，普通体检通常不包括维生素D、镁、锌水平的检测。因为没有做过相关检测，所以人们不会注意到自己可能缺乏这3种营养素。

为什么这些检测没有被纳入普通体检呢？因为人们普遍认为它们不会直接或立即引发疾病。

体检时，如果发现诸如白细胞数量、血糖水平之类的常规检测指标出现异常，人们立即就会怀疑自己患有某种疾病。但是，体内维生素D、镁、锌水平低下不是某种疾病的指标。因此，这些检测"意义不大"。

但这并不代表你可以对缺乏维生素D、镁、锌的情况

置之不理，因为你如果缺乏这3种营养素，就很可能免疫力低下，那么患任何疾病的风险都会增大。

研究结果表明，体内缺乏维生素D的人患新冠肺炎后死亡风险更大。在日常生活中，由缺乏这3种营养素引发的各种身体不适现象层出不穷。

拿腿部肌肉痉挛来说，很多老年人在打高尔夫球时，腿部肌肉会突然痉挛，这是缺镁的典型症状。

我会在第二章中为你详细介绍上述内容。但我希望你现在就意识到，这些重要的营养素会以看不见的方式从人体内流失。

在不知不觉中过量摄入、损害免疫力的物质

以前，人们的食物大多来源于农田、水域和牧场。如今，人们的大部分食物直接来自食品加工厂，人们吃的大多是加工食品，这些加工食品与汽车和电子产品一样，由专门的生产商制造。

不仅是方便面、甜食和软饮料，超市中售卖的大部分食品都出自食品加工厂。膨化食品、水果罐头、调味品自不必说，鱼糜制品和香肠同样如此。

食品加工厂在制造这些加工食品的过程中可能加入了各种各样的食品添加剂。很多健康意识强的人都知道"必须注意食品中亚硝酸钠的含量"。亚硝酸钠是香肠、火腿、辣味鳕鱼子等食品的生产过程中常用的显色剂，已经被确定具有致癌性。

除此之外，食品中还有许多物质值得你关注，我认为你必须格外关注食品中磷的含量。

虽然为了维持身体健康，你必须摄入一定量的磷，但过量摄入磷会加快动脉粥样硬化的进程，导致免疫力

低下，引发肾病及其他多种疾病。

现代人过量摄入磷是显而易见的，因为添加它的食品多得惊人！

在满尾诊疗中心，医生会检测患者的血磷水平，我曾向血磷水平偏高的人询问他们的饮食习惯，他们中的大多数人经常食用加工食品。不过，他们只要减少加工食品的食用量，血磷水平就会恢复正常。

由此可见，你食用的食物对你而言真的非常重要。

我会在第三章中为你详细介绍上述内容。为了避免过量摄入磷等物质，你必须了解加工食品。

有利于食品生产商不等于有利于消费者

虽然人们普遍知道食品添加剂具有一定的危害性，但食品生产商依然会使用它们，因为它们价格低廉、能为食品增添风味。但是食品添加剂的使用对食品生产商有利，对消费者几乎没有什么好处。

你或许想说："能吃到味美可口的食品对消费者来说难道不是好事吗？"你仔细想想就会明白，得到最大好处的是食品生产商，因为食品的味道越好，销售量就越高，生产商得到的利润也就越丰厚。此外，这些食品并不是真正的美味，食品添加剂的使用让消费者错误地认为这些食品好吃。

这些食品之所以"好吃"，不是因为制造食品的原料味道鲜美，而是因为食品添加剂为食品增添了能令人成瘾的味道。那些"令人回味悠长"的食品和"好吃到停不下来"的食品一定含磷。

吃膨化食品时本来只打算吃一点儿，结果却吃完了一整袋；一天不吃甜食就焦躁不安；每天都要喝1 L软饮料……这些都是食品生产商喜闻乐见的行为。食品生产商热衷于生产能让消费者成瘾的食品，这样他们就能获得非常可观的收益。

大型快餐连锁店的经营者会着重考虑"如何招徕孩子"，因为一个人如果年幼时就迷上了某家店所售食物的味道，那么他极有可能一生都在这家店消费。

可以说，现在年富力强的一代人正是在快餐连锁店的这种策略下长大的。也许这代人已经被那些快餐连锁店"收买"了，他们丝毫没有意识到其中的危险，并且让自己的孩子采用相同的饮食方式。

许多餐厅都以"适合一家人一起用餐""适合带孩子用餐"为宣传点，并且提供软饮料自助服务。在消费者眼中，这些餐厅非常体贴。

但是，这些餐厅的自助饮料吧台所提供的添加了大量糖精和磷的饮料，可不是孩子可以随便喝的。

冲绳居民人均寿命不再是日本之最的原因

冲绳曾以"居民人均寿命为日本之最"著称。在1980年和1985年，在日本的都、道、府、县中，冲绳的男性居民和女性居民的平均寿命都是最长的。这个消息很快就传遍了全世界，后来甚至出现了代表健康、长寿的词"Okinawan[①]"。

当时，冲绳的中老年人是吃着冲绳苦瓜、冲绳岛豆腐、海蕴、阿古猪肉长大的。

但是，第二次世界大战后，冲绳长期处于美国的统治之下，在此期间，汉堡包、炸鸡、薯条和午餐肉等快餐传入冲绳。

如今冲绳的中老年人是吃着快餐长大的，很多人，特别是男性身材偏胖。与其他县居民相比，冲绳居民肥胖率明显高得多。在肥胖率增高的同时，冲绳患糖尿病、心脏病的人数增加，人均寿命缩短，现在已经完全没有"长寿县"的样子了。

综上所述，饮食对人的影响不是立即显现的。和吃了腐烂的食物很快就会腹泻不同，长期吃快餐的人会逐渐变胖、血压升高、免疫力下降而非立即患病，因此他们很难意识到长期吃快餐的危害并放弃快餐。

正因如此，快餐才可怕。出现腹泻症状的人只要接受恰当的治疗，很快就能康复。但是，人的免疫力一旦下降，就很难恢复正常。

更严重的是，人一旦对快餐和软饮料上瘾，就会优先考虑"想吃""想喝"的而非"该吃""该喝"的。那时，你即使想戒掉垃圾食品也无能为力。

那么，你是选择远离垃圾食品还是毫不在意地继续

①Okinawan：来源于"冲绳"的日语罗马音"okinawa"。——译者注

吃呢?

中国有"兴一利不如除一弊"的说法。选择优质食物非常重要，戒掉垃圾食品同样非常重要。即使午餐吃了很多蔬菜沙拉，但只要喝一罐加糖咖啡或软饮料，这顿饭就算不上吃得健康了。

你如果认为选择适合自己的优质食物太麻烦，可以先尝试戒掉垃圾食品。

我相信，不久之后，你就能感受到身体的变化。

雄激素水平低下对免疫力的影响

我非常重视患者体内脱氢表雄酮（DHEA）的水平。人体内的DHEA是肾上腺皮质以胆固醇为原料合成的，具有增强免疫力、预防癌症的作用。研究结果表明，健康、长寿的人体内DHEA的水平非常高。

实际上，DHEA是人体合成雄激素和雌激素等激素的前体，因此被称为"激素之母"。它能让男性更有男人味，让女性更有女人味，让人精力充沛。它是人体不可或缺的物质。

顺带一提，雄激素对女性来说也非常重要。

雄激素是人体的"燃料"，能使人充满活力。如果体内的雄激素水平较低，你很容易出现精力不足、体力较差、易疲劳等问题。

一位因身体虚弱而经常闭门不出的70多岁的女性曾来到满尾诊疗中心寻求帮助。我为她做了血液检查，发现她体内DHEA和雄激素的水平都非常低。于是我让她服用DHEA补充剂，一段时间后，她的身体恢复了活力。

雄激素有增肌的作用。一个人如果体内雄激素水平过低，那么即使坚持运动，他也很难增加肌肉。因此，体内雄激素水平较低的人运动后容易因体力下降、肌肉没有增加而失去信心和动力，不愿意继续运动，从而陷入恶性循环。

　　一般情况下，人体内的激素水平会随着年龄的增长而逐渐降低。但在图1-1中，你可以清楚地看到，40~60岁男性的雄激素水平比60岁以上男性的低。图中的横轴表示时间，总体来看，人体内的雄激素水平在上午9时最高且从早到晚逐渐降低。

　　但是，40~60岁男性的雄激素水平一整天都很低。

　　虽然出现这种现象的原因尚不明确，但40~60岁正是男性事业的高峰期，许多人处在管理岗位，精神压力很大，这可能是他们的雄激素水平较低的原因。

　　有人将现代日本社会称为"高压社会"。人的精神压力过大时，人体会以胆固醇为原料合成皮质醇（又称"压力激素"），因此人体内同样需要以胆固醇为原料才能合成的DHEA的水平会下降，雄激素水平也随之下降。

　　当然，人体内激素的水平也与人的饮食有关。

　　40~60岁的男性对自己健康状况的关注程度远不如60岁以上的男性，他们会因为忙碌而偏食，从而导致内分泌失调等问题出现。

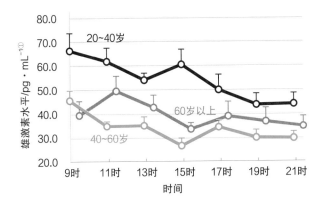

图1-1 现代男性的雄激素水平在一天内的变化

（数据来源：Yasuda et. al.Men's Health Gender 2007）

缺乏维生素D也是雄激素水平低的原因之一。人体内维生素D的水平和雄激素的水平相关，维生素D水平低的人往往雄激素水平也低。

雄激素水平低的人不愿意运动、不喜欢晒太阳，导致他们体内的维生素D水平较低；而维生素D水平低又会导致他们的雄激素水平进一步下降，导致他们更加不愿意运动。久而久之，他们就会陷入恶性循环。

我会对雄激素水平过低的患者进行饮食指导，不论男女，我都会让患者服用DHEA补充剂，并严格规定患者的服用剂量。

———

①本书中使用的pg·mL⁻¹即pg/mL，不是法定计量单位，雄激素水平的换算公式为1 pg/mL=0.0347 nmol/L。——编者注

喜欢甜食的男性要注意性功能下降的问题

即使运动量相同，男性也比女性更容易增肌，这是因为男性体内的雄激素水平更高。但实际上，日本男性中，身材肥硕的比身材健壮的多得多。

雄激素能提高人的肌肉强度和骨密度，增加肌纤维直径，抑制体内脂肪的增加。因此，体内雄激素水平低的人容易变得肥胖。

也就是说，某些男性身材肥硕是因为他们的雄激素水平低。

研究结果表明，雄激素水平较低与糖类的摄入较多有关。

很多男性都无法抵挡马卡龙、松饼、珍珠奶茶等高糖食品的诱惑。最近，便利店店主们相当关注男性顾客的需求，货架上男性普遍喜欢的甜食和饮料满满当当，而它们的销售额确实在不断增高。

我年幼时喜欢吃甜食，但每次吃都会被父亲训斥。我的父亲出生于明治时期，是一个性格顽固但不会把"男子气概"这个词挂在嘴边的老头儿。他不让我吃甜食是因为他知道甜食会使人发胖，还会导致男性性功能下降。

喜欢甜食的男性看到这里或许会受到打击，但"吃甜食→新陈代谢缓慢→发胖→性功能下降"这个因果关系是成立的。碳酸饮料、罐装咖啡、能量饮料和蛋糕、

豆沙包一样含糖量极高，而白米饭、面包等也不能敞开
肚皮吃，否则人很容易患上肥胖症。

　　详细内容我会在第三章中介绍。

20多岁的男性最容易免疫力低下

我在美国哈佛大学外科代谢营养研究室潜心研究后，回到日本，创办了日本第一家专业抗衰老的诊疗中心。

2002年至今，我共接待了4,000余名患者。我发现，人随着年龄的增长而衰老是无法否认的事实。但是，个人的行为会对衰老的速度产生巨大的影响。

那么，成功延缓衰老的人都做了些什么呢？我接下来要说的话或许与你的常识相悖。

他们做的是直面自己的衰老。

如果对衰老视而不见，衰老的速度就会越来越快。但是，正值盛年的人很容易忽略身体的衰老。很多人都会拿自己的外表和朋友们开玩笑，说出"哎呀，我也变成大腹便便的大叔了""我也快变成满脸皱纹的老太婆了"之类的话，但往往不敢正视自己身体的状态。他们在体检前的几天会减少饮酒、吃得清淡以尽可能地使体检结果看上去正常，但这样做，体检的结果会蒙蔽他们的双眼，可能导致他们的身体状态不断恶化，而他们浑然未觉。

因此，重要的是了解自己在各个年龄段的身体状态。

20多岁的人不论过着怎样的生活，基本都能精力充沛地通宵喝酒。到了30多岁，身体各项功能开始逐渐下降，通宵喝酒后人就会不适。过了40岁，人就很难通宵喝酒了，体力也明显下降，还可能出现免疫功能紊乱等问题。

如果一个人到了40岁还不能正视自己的身体状态并纠正不良的生活习惯，到了50岁，他的身体状态只会变得更差。我到了40岁就不再做急诊医生了，因为从那时起，我感觉自己的体力一下子下降了很多。

当然，超过50岁的人也可以说"我还年轻"，即使他们的身体并不一定年轻。

体力随着年龄的增长而下降，但体力的下降并不一直是缓慢的过程，进入某个年龄段后，人的体力会突然大幅下降，所以不要觉得"我的身体现在没问题，以后就不会有问题"。健康管理需要至少10年才能见效，因此你必须尽早关注自己的身体状态！

20多岁的男性身体状态最差的原因

每个人的身体状态不可能完全相同。例如，某公司的3名50多岁的员工的体检结果相差无几，但仔细查看后我依然发现了其中细微的差异。再过10年、20年，他们的体检结果应该会出现较大的差异。

增强免疫力以战胜疾病以及一生健康和长寿，是所有人共同的目标。如果用登山来比喻人们为健康而努力的过程，那么所有人攀登的是同一座山，拿到的是一模一样的地图。

明明每个人拿到的地图一模一样，并朝同一个方向前进，但每个人到达山顶的时间却不尽相同，甚至有人无法到达山顶，这是因为每个人的起点不同。

每个人本来就是不同的，起点不同也是理所当然的，但重要的是你要了解自己的身体状态。你真的了解自己在通往健康的道路上的行动轨迹吗？

有一天，某企业的管理者带着几名员工来满尾诊疗中心进行体检。这些员工里有一名20多岁的男性，我心想："他没必要体检吧。"但骨密度检查结果显示，这名男性的骨密度状况是最差的。

他的骨密度值仅为20多岁男性平均骨密度值的70%。这意味着他可能患有骨质疏松症。

我发现他的身体状态的确不佳，就连我告知他体检结果时，他也是一副茫然的表情，反应迟钝，看上去很疲惫。

详细询问后，我得知他的饮食结构非常混乱，简直可以说一塌糊涂。

他因为独自生活，所以基本都在便利店购买食物，并且不区分正餐和加餐。他在公司放了很多方便面，饿了就吃它们；在家时经常用可乐和零食代替晚餐。

在我向他解释前，他从来没有认真考虑过吃饭这件事，他并不清楚自己体内正在发生的变化。

也许现在你的身体并没有非常不舒服的地方，你只是模糊地觉得自己的皱纹会逐渐变多、体力会逐渐下降，但慢慢老去的前提是你要保持身体健康。实际上，没有人能确保自己可以缓慢、健康地老去。

一生病就吃药
对免疫力好吗?

很多正值盛年的男性都有尿酸水平偏高的问题。

尿酸水平偏高很可能引起痛风,导致拇趾关节根部等部位剧烈疼痛,而此时患者可能才注意到自己尿酸水平偏高的问题。有些人为避免痛风发作,会服用降低尿酸水平的药物。

我发现,大多数人关注的只是"有没有引起剧烈疼痛"。但这并不是根本的问题,你更应该关注的是"尿酸水平为什么会偏高"。

尿酸水平偏高的原因与饮食有关。尿酸具有抗氧化作用,可以防止身体"生锈",因此体内有一定量的尿酸对身体是有利的。但尿酸水平升高到一定程度时,血液中会形成针状的尿酸盐结晶并在关节和肾脏等部位沉积,进而造成严重后果。

如果不改善饮食方式,也不纠正不良的生活习惯,却持续服用降低尿酸水平的药物,就会导致尿酸水平过低,甚至导致人体受到相当严重的伤害。

除了癌症等进行性疾病和心肌梗死、脑梗死等需要与时间赛跑的疾病，大多数疾病都可以通过纠正不良的生活习惯来治愈，其中最重要的就是改善饮食方式。

很多医生都明白，应该先让患者改善饮食方式，如果没有效果或效果不显著，再让患者服用药物。尽管如此，但按照现代医疗制度的规定，医生必须立即为患者开药方。

医生不能违反现代医疗制度的规定，但我可以告诉你避免成为现代医疗制度牺牲品的方法：养成良好的生活习惯，不过分依赖药物。

每个人都站在通往健康与不健康的岔路口上

我做急诊医生时见过各种各样的患者。其中相当一部分被送来急救中心的患者明显是因为生活习惯不佳而患上严重疾病，最终被救护车送到医院的。

例如，有位患者长期酗酒导致肝硬化，大量呕血后被送到了医院。他因肝硬化导致的门静脉回流受阻，出现食管静脉瘤，而食管静脉瘤破裂造成了大出血。在这种情况下，患者很可能有生命危险。还有因糖尿病而出现腿部坏疽的患者，他们即使截肢，也可能因细菌感染而死亡。

这些人曾经都拥有健康的身体。

医生为某些抽烟的患者做开胸手术时发现患者肺部一片漆黑，但患者本人却感觉不到自己的身体已经受损到如此地步。

每个人都会在40岁左右站在通往健康与不健康的岔路口上，每个人此时都要做出选择并承担相应的结果——是从此健康、舒适地过完一生，还是终日与疾病相伴、撑着不健康的身体度过余生呢？

朝哪个方向前进，取决于你的饮食方式和生活习惯。

生病大多是因为饮食方式和生活习惯不佳

我认为，有两个"潘多拉魔盒"是人类一定不能打开的：一个装着"核能"，一个装着"基因编辑"。但遗憾的是，这两个"潘多拉魔盒"都已经被打开了，日本曾遭受原子弹轰炸，而基因经过编辑的"定制婴儿"也已经诞生。

满尾诊疗中心提供的抗衰老医疗服务和预防医疗服务会运用最先进的医学知识，但我绝不会使用基因编辑技术。最近，各种各样的有关基因编辑技术的医疗项目层出不穷，但我认为这项技术尚有很多未知之处，很多问题都尚未得到解答。

尽管我相信人类总有一天会攻克基因编辑技术的壁垒，但那又如何？

美国女演员安吉丽娜·朱莉担心自己会患遗传性乳腺癌，于是切除了健康的乳房，这件事曾经引发人们的热议。

实际上，没有人知道她是否真的会患上乳腺癌，因为乳腺癌的遗传概率并不是100%。我认为比起切除乳房，改善饮食方式以减小患病风险是更好的选择。

每个人都会迎来死亡，而每个人都希望自己一生始终处于最健康的状态。通过基因解析发现病变概率较大的器官并将它们切除，这不是与人们活着的目的背道而驰吗？

我认为根据基因解析结果而做手术就像一个黑色笑话——"我害怕生病，干脆去死吧。"

医学遗传学研究结果显示，人的身体状况只有20%~30%取决于基因，而70%~80%取决于环境因素。饮食方式和生活习惯就是环境因素。

体检时，医生有时会询问患者的家族史，因为有些疾病确实存在家族遗传的可能性。例如，如果父母患有糖尿病，那么孩子患糖尿病的概率就比较大。

我认为，家族遗传病不仅受基因影响，一起生活的一家人吃的是几乎一模一样的食物，因此饮食方式和生活习惯的影响更大。

关注自己的家族史确实很重要，但你不能只关注这一点。例如，父母心脏不好的人只关心自己的心脏而不关心其他器官和组织是否健康，这种行为是不可取的，因为其他器官和组织也可能发生病变。

全面了解自己的健康状况——体内缺乏哪些营养素、哪些营养素过量——才是现代人健康管理的第一步。

摆正心态、规律饮食、适量运动

图1-2是日本1950—2018年流感致死人数统计图。

1950—1960年，因患流感死亡的人非常多。从1980年开始，因患流感死亡的人数显著减少，但2010—2018年，流感致死人数又逐渐增加。虽然人类研发出了流感疫苗以及达菲（Tamiflu）等抗流感药物，但流感致死人数依然在增加。

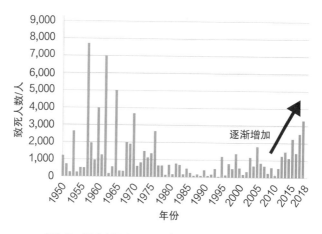

图1-2　日本1950—2018年流感致死人数统计图

（数据来源：日本厚生劳动省《人口动态统计》）

令人不适的是，其他统计数据显示，癌症、糖尿病、不孕症、不育症、自闭症等疾病的患病人数都呈上升趋势。

也就是说，人的敌人不仅是新冠肺炎等传染性极强的疾病，还有人的一生可能出现的其他所有疾病。虽然人们已经有了明确的癌症治疗方法，但以后还可能出现某种奇怪的疾病。

在这种情况下，可以说，人最终能依靠的只有自身的免疫力。

如果精神压力增大，免疫力就很容易下降。因此，为了今后的健康，为了增强免疫力，每个人都必须改善生活习惯，找到适合自己的保持健康的方法。抗衰老医疗重视的是打造健康体魄不可或缺的三大支柱——摆正心态、规律饮食、适量运动。

现代社会物质资源富足，人们的生活条件越来越好，但是每个人都知道，肉眼看不见的精神世界也非常重要。

实际上，人们在日常生活中总是忙于各种各样的琐事，经常忽略自己的精神状态。如果精神状态不佳，饮食不规律，再加上不运动，就会造成非常严重的后果。

另外，现代社会信息传播速度极快，随着社交媒体的普及，人们比以前更容易与他人互相攀比。在这种环境中，人们的心态起伏较大，容易产生心理疲劳。

心理疲劳的人是没办法做好健康管理的。你只有调整好心态，采取正确的饮食方式，在日常生活中适量运动，才能为健康管理打好基础。

人在日常生活中不断获取信息和食物，并"查漏补缺"以维持自己的心态和饮食结构的健全。即使是对人有益的信息和食物，如果获取过量，也会导致精神和身体不适；如果过量获取对人有害的信息和食物，那么精神和身体很可能崩溃，这一点不言自明。

认真思考每天吃什么，是非常重要、非常聪明的做法，能让你真正地过上美好的生活。请你务必意识到这一点，为了明天的健康，认真选择今天的食物吧。

现代人应该补充的
三大营养素

在本章中，我将为你详细介绍下面这3种营养素。

维生素D

进入人体内的维生素D会在肝脏中转化为25-羟维生素D_3。你不需要记住它的名称，为了方便理解，我在本书中用"血维生素D水平"表示人体内维生素D的含量。你只需记住，你体内维生素D的含量，也就是你的血维生素D水平，对你的健康非常重要。

具体来说，我认为一个人理想的血维生素D水平为40~80 ng/mL[①]。为方便起见，我在下文提及血维生素D水平时将省略单位，只使用数值。

镁

现代人普遍缺镁。医学界普遍认为健康的人体内应含有30 g镁，其中绝大多数在骨骼和肌肉中，而血液中的镁仅占1%，因此通过血镁水平来判断人是否缺镁并不准确。但是，血镁水平是很重要的参考指标。人体正常的血镁水平为2.0~2.5 mg/dL，理想水平为2.3 mg/dL左右。同样，我在下文提及血镁水平时将省略单位，只使用数值。

---

① 本书中使用的ng/mL（即ng·mL⁻¹）、mg/dL（即mg·dL⁻¹）和μg/dL（即μg·dL⁻¹）都不是法定计量单位。血维生素D水平的换算公式为1 ng/mL = 2.5 mmol/L；血锌水平的换算公式为1 μg/dL = 0.153 μmol/L；血镁水平的换算公式为1 mg/dL = 0.411 mmol/L。——编者注

锌

　　我在本书中用"血锌水平"表示人体内锌的含量，其正常水平为80~135 μg/dL。人体内锌的水平和铜的水平必须平衡，过量摄入锌会影响人体对铜的吸收。避免过量摄入锌是必要的，但实际上，现代人饮食中的锌普遍不足，而非过量。另外，即使不测定血锌水平，也可以通过测定血液中的碱性磷酸酶（ALP）水平来了解人体内真正起作用的锌的水平。因此，如果一个人血液中的ALP水平过低，那么他很可能缺锌。同样，我在下文提及血锌水平时将省略单位，只使用数值。

维生素 D：超级营养素

表明血维生素 D 水平与新冠肺炎病死率有关的、颇有意思的研究报告层出不穷

新冠肺炎病死率排在前列的国家，居民血维生素D水平普遍较低

全世界都在研究新冠肺炎病死率和血维生素D水平的关系，颇有意思的研究报告层出不穷。

图2-1是日本等21个国家的居民平均血维生素D水平。顺带一提，日本的居民平均血维生素D水平为24.5，比匈牙利的略高。

截至2020年7月31日，在这21个国家中，比利时的新冠肺炎病死率最高，英国位居第二，第三位是西班牙，第四位是意大利。

仔细看图2-1你就会发现，这4个国家的居民平均血维生素D水平都比较低。由此可见，血维生素D水平和新冠

肺炎病死率的相关性确实不容忽视。

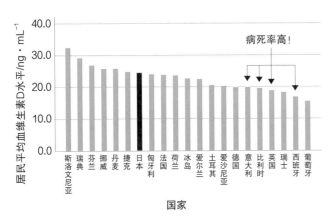

图2-1　日本等21个国家的居民平均血维生素D水平

（数据来源：Mean vitamin D levels per courtry versus
COVID-19 cases and mortality/1M population）

　　另外，印度尼西亚在2020年4月公布了居民平均血维生素D水平与国内新冠肺炎患者死亡人数、新冠肺炎病死率的关系的数据。这些数据应该受到人们的关注，详见图2-2。

　　在体内维生素D充足（血维生素D水平高于30）的新冠肺炎患者中，生存人数为372人，死亡人数为16人；在体内维生素D不足（血维生素D水平为20~30）的新冠肺炎患者中，生存人数为26人，死亡人数为187人；在体内缺乏维生素D（血维生素D水平低于20）的新冠肺炎患者中，生存人数仅为2人，而死亡人数多达177人。

　　由此可见，体内维生素D充足的患者的新冠肺炎病死率只有4.1%，体内维生素D含量不足的患者的新冠肺炎病死率为87.8%，而体内缺乏维生素D的患者的新冠肺炎病死率高达98.9%。

也就是说，体内维生素D不足的人如果摄入一定量的维生素D，使血维生素D水平恢复正常，感染新冠病毒的病死率就会降低约84%。

我希望你在得知这一点后，想办法使自己的血维生素D水平高于30。

实际上，大多数人的血维生素D水平为10~30。

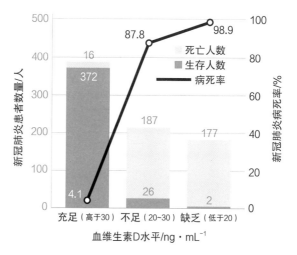

图2-2　印度尼西亚居民平均血维生素D水平与国内

新冠肺炎患者死亡人数、新冠肺炎病死率的关系

（数据来源：Raharusun P, Priambada S, Budiarti_C, et al. Patterns of COVID-19
Mortality and Vitamin D:An Indonesian Study. April 26, 2020）

不同人种新冠肺炎病死率的差异

医学界的研究人员不断地从多个角度推进对新冠肺

炎的研究，包括对不同人种新冠肺炎病死率的研究。

研究结果表明，黑人的新冠肺炎病死率比白人的高。

美国国立卫生研究院院长在其个人博客上表示，美国的黑人占美国总人口的22%，但美国黑人的新冠肺炎确诊人数却占到了美国新冠肺炎总确诊人数的52%，而且因新冠肺炎死亡的美国人中，58%为黑人。原因有两个。第一，在患新冠肺炎的黑人中，很多人原本就患有心脏病和肥胖症。第二，黑人的生活环境大多比白人的差，很多黑人成群结队地居住在狭小的空间里。

上述原因确实不容否认。我认为，黑人的血维生素D水平低也是原因之一。你可以在第44页的图2-3、图2-4中看到美国不同人种的血维生素D水平及这些人种中缺乏维生素D的人所占的比例。在美国，白人的血维生素D水平比黑人的高，而肤色与黄种人接近的拉美裔混血人种的血维生素D水平介于二者之间。另外，80%的黑人的血维生素D水平都低于20，他们处于缺乏维生素D的状态。出现这种现象是理所当然的。皮肤颜色越深，说明黑色素含量越高，而黑色素会阻隔紫外线，所以在同样的生活环境中，黑人体内的维生素D水平普遍比其他人种的低。

人的肤色是人与出生地的气候、环境逐渐适应的结果，出生在光照较强的地区的人的深色皮肤能保护皮肤不被紫外线灼伤。但这些人如果移居到了光照较弱的北美大陆，深色皮肤阻隔了身体必需的紫外线，身体就无法合成足够的维生素D了。

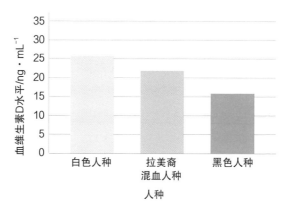

图2-3　美国不同人种的血维生素D水平

（数据来源：Holick MF,Vitamin D. In Modern Nutrition in Health and Disease. Lippincott Williams & Wikins. 2006, p.376-395.）

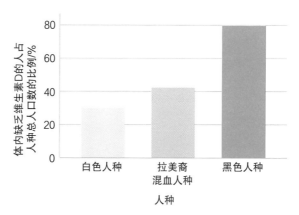

图2-4　美国不同人种中体内缺乏维生素D（血维生素D水平低于

20）的人所占的比例

（数据来源：Holick MF,Vitamin D. In Modern Nutrition in Health and Disease. Lippincott Williams & Wikins. 2006, p.376-395）

能预防许多健康问题的"超级营养素"

2018年，维生素D补充剂在日本被列入国家医疗保险药品目录

近年来，维生素D备受关注，而最早提出维生素D的重要性的是美国的迈克尔·霍利克博士。他发现人在皮肤中合成维生素D，因此被誉为"维生素D博士"。

2007年，他在世界上最权威的医学杂志之一——《新英格兰医学杂志》（*The New England Journal of Medicine*）上发表了一篇著名的论文，论述了现代人严重缺乏维持健康必需的营养素——维生素D。

日本在2018年认可了维生素D的显著功效，将维生素D补充剂列入国家医疗保险药品目录。但是，只有骨质疏松症患者可以用医疗保险购买维生素D补充剂。

日本医学界的主流观点是"维生素D是专门用来强化骨骼的必需营养素"。当然，这种观点并没有错。钙是构成骨骼的重要成分，可是无论摄入多少钙，如果缺乏维生素D，小肠还是无法吸收钙，人也就无法获得坚韧的骨骼。

维生素D的作用不限于促进骨骼生长，我在这里粗略地列举了一些维生素D的作用。

·维持血钙水平，强化骨骼；

- 增强免疫力；
- 预防癌症、传染病和自身免疫性疾病；
- 预防动脉粥样硬化和心脏病；
- 预防抑郁症、社交恐惧症等精神障碍；
- 保护脑神经，预防阿尔茨海默病；
- 预防肌肉力量减弱；
- 降低患新冠肺炎后死亡的风险；
- 抗衰老。

可以说，维生素D是能够增强免疫力、使我们远离许多健康问题的"超级营养素"。

然而，现代人普遍缺乏对预防和治疗新冠肺炎非常重要的维生素D。

补充维生素D的三大方法

迈克尔·霍利克博士在其论文中指出，血维生素D水平的范围如第47页的图2-5所示。他认为血维生素D的理想水平为40~60，而我认为血维生素D的理想水平为40~80。

尽管维生素D非常重要，但仍有很多人难以通过饮食获取足够的维生素D。在满尾诊疗中心，医生会充分利用维生素D补充剂帮助患者。服用维生素D补充剂的患者有时会出现血维生素D水平高于60的情况，不必担心，这并不会损害健康。只要血维生素D水平不超过150，就不会造成不良影响。

我认为，与血维生素D水平高于正常水平相比，缺乏维生素D对健康造成的损害更严重。

如前文所述，新冠肺炎患者的血维生素D水平是否高于30在一定程度上决定了他们的命运。也就是说，血维生素D水平低于30的新冠肺炎患者死亡的风险较大。

在图2-6中，你能清楚地看到来满尾诊疗中心寻求帮助的1,700名患者的血维生素D水平。其中78%的患者的血维生素D水平低于30，而血维生素D水平高于40的患者仅占5%。

满尾诊疗中心提供的医疗服务以抗衰老和预防疾病为主，来这里的人大多是平时就非常注重健康的人，尽管如此，统计结果依然不理想。

想要提高体内维生素D的水平，只有以下3种方法。

①通过饮食（特别是吃鱼）摄入；

②晒太阳；

③服用维生素D补充剂。

图2-5　血维生素D水平的范围

（数据来源：N Engl Med 2007; 357:266-281）

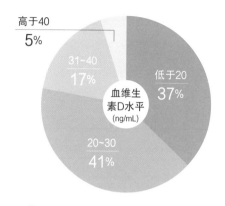

图2-6　满尾诊疗中心1,700名患者的血维生素D水平

（数据来源：满尾诊疗中心）

很多人不爱吃鱼，还会为了避免患皮肤癌或晒黑而不晒太阳，这样做必然导致体内维生素D不足。而维生素D补充剂价格低廉，不会对你造成经济负担，我将在后面为你详述具体的服用方法和剂量。

有研究报告显示，补充维生素 D 能降低癌症复发率

当我向患者推荐维生素D补充剂时，有些患者（尤其是男性患者）会拒绝我的建议："我没觉得身体有哪里不舒服，我现在不需要它，等我觉得不舒服了再吃吧。"

但是，等到身体不适再吃维生素D补充剂就晚了。

东京慈惠会医科大学的浦岛充佳教授发表了一篇论文，论述了补充维生素D与消化系统癌症复发率之间的关系。

浦岛教授的研究小组以做过消化系统癌症手术的417名患者为研究对象，将他们分成两组，一组每天服用2,000 IU（50 μg）维生素D补充剂，另一组不服用，研究时长为3年半。研究结果显示，服用维生素D补充剂的一组患者的癌症复发率为23%，而不服用维生素D补充剂的一组患者的癌症复发率为31%。

另外，在研究开始前血维生素D水平为20~40的患者中，服用维生素D补充剂的患者的癌症复发率仅为15%，而不服用维生素D补充剂的患者的癌症复发率为29%，前者比后者低14%。

而研究开始前体内缺乏维生素D（血维生素D水平低于20）的患者，无论是否服用了维生素D补充剂，癌症复发率都差不多。

这个结果意味着什么？

意味着如果平时不进行健康管理，导致血维生素D水平过低，生病后再匆匆忙忙地补充维生素D就来不及了。

为了防备下一次可能出现的全球性传染病或者其他疾病的突然袭击，请你立即进行健康管理，根据自身情况补充维生素D。

缺乏维生素D的孩子身上常见的疑难杂症

如第50页的图2-7所示，20~30岁的韩国人的血维生素D水平并不乐观。

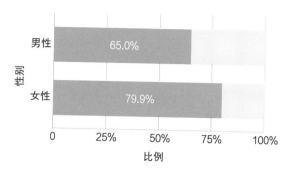

图2-7　20~30岁的韩国人中缺乏维生素D（血维生素D水平低于
20）的人所占的比例

［数据来源：J.Clin.Endocrinol.Metab.96,643-651(2011).］

　　由此可见，65%的20~30岁的韩国男性和近80%的20~30岁的韩国女性的血维生素D水平低于20。

　　日韩两国女性普遍会为了护肤而避免晒太阳，并且她们不常吃鱼，因此，出现这样的情况是理所当然的。但是，面对这种情况，可不能说一句"理所当然"就置之不理了，因为血维生素D水平较低的女性生的孩子很可能一出生就缺乏维生素D。

　　另外，血维生素D水平低的女性如果进行母乳喂养，孩子缺乏维生素D的情况就会更严重，甚至会患佝偻病。我本以为佝偻病已经不再流行，但赤坂家庭诊所的伊藤明子院长告诉我，与2005年相比，2014年日本的佝偻病患者增加了1.5倍（详见第51页图2-8）。

　　大阪市立综合医疗中心儿童医疗中心的负责人依藤亨指出，2008年，颅骨软化的婴儿的数量与往年相比显著增加。

颅骨软化是佝偻病的早期症状，婴儿的顶骨和枕骨不坚硬，稍微用力按压就会凹陷。儿科临床观察发现，颅骨软化已经成为严重的问题。

实际上，日本小儿科学会的报告指出，75%以母乳为主混合喂养的婴儿（0~6月龄）体内的维生素D不足，50%的婴儿体内缺乏维生素D。

母亲哺乳期不晒太阳也不吃鱼，身体既不能借助阳光合成维生素D，又无法从食物中获得维生素D。在这种情况下，婴儿的骨骼出现问题就完全不奇怪了。另外，与过去相比，现在的高龄产妇更多，因此婴儿的健康状况更令人担忧。

当然，母乳含有能增强婴儿免疫力的免疫球蛋白、乳铁蛋白等重要物质，但绝大多数现代女性的母乳中缺乏维生素D。因此，从这个角度上看，抛弃"母乳信仰"、用营养均衡的配方奶喂养婴儿是一种很好的选择。

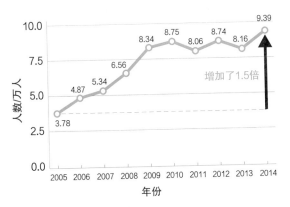

图2-8 日本佝偻病患者人数的变迁

[数据来源：Itoh, M. etal. Vitamin D-Deficient Rickets in Japan. Glob Pediatric Health 4,1-5,(2017).]

富含维生素 D 的食物

总而言之，要多吃鱼！

富含维生素D的首选食物就是鱼类。

三文鱼、旗鱼、沙丁鱼等鱼的维生素D含量较高，你可以放心地食用它们。

与金枪鱼等体形较大的洄游鱼相比，体形较小的鱼体内的汞含量更低，你可以放心地食用它们（详细内容见第三章）。

另外，考虑到二十二碳六烯酸（DHA）和二十碳五烯酸（EPA）等对人体有益的多不饱和脂肪酸的摄入量，我建议你食用沙丁鱼、秋刀鱼、青花鱼等青背鱼。

比目鱼、鲷鱼、鳗鱼也富含维生素D。总之，多吃鱼能补充维生素D。

除了鱼类，蛋类、牡蛎和鱿鱼也富含维生素D，可以放心食用。

顺带一提，木耳和香菇富含维生素D_2。但人体需要的是维生素D_3，因此食用菌类无法补充人体需要的维生素D，但菌类也是有益健康的食物。菌类富含膳食纤维，能调节肠道菌群，而且热量极低，适合想要预防肥胖或正在减肥的人食用。

肺结核患者疗养时为什么需要进行日光浴

数据显示，在户外散步能使人的寿命延长5年

过去，肺结核是致死率极高的传染病。在治疗肺结核的药物——链霉素出现之前，治疗肺结核的方法只有疗养，而进行日光浴就是疗养的重要环节。肺结核患者住进僻静的疗养院，在那里一边进行日光浴，一边等待自然痊愈。

当时，确实有很多患者仅通过日光浴就获得痊愈，因此这种治疗方法才被推广。现在，医学界已经发现了其中的原理：日光浴能促进人体内维生素D的合成，激活能吞噬并杀灭结核杆菌的免疫细胞——巨噬细胞。

就对抗癌症及新冠肺炎等疾病而言，促进免疫细胞活化是至关重要的，因此通过日光浴提高体内的维生素D水平对患者是有益的。

医疗专业人士有一个共识：马赛人[①]的平均血维生素D处于理想水平是因为他们在野外度过的时间很长。

一位瑞典学者以大约30万人为对象进行研究，发现与不打高尔夫球的人相比，定期打高尔夫球的人的平均

[①] 马赛人：主要分布在肯尼亚南部和坦桑尼亚北部草原地带的游牧民族。——译者注

寿命要长5年。

为什么定期打高尔夫球的人寿命更长呢？因为打高尔夫球时，人需要在球场上步行，而沐浴阳光能提高体内的维生素D水平。

享受日光浴

与过去不同，现在地球的臭氧层遭到了破坏。如果进行日光浴的时间过长，暴露在过多的紫外线下，人就有患皮肤癌的风险。

那么，日光浴的时长和频率应该是怎样的呢？

从春季到秋季，在晴天每次晒太阳15~30分钟，在阴天则每次晒太阳30~60分钟，晒太阳时尽量穿短袖上衣。按这个标准每周进行3次日光浴即可。

在光照较弱的冬天，需要延长日光浴的时间。

在春季和秋季这两个气候较温暖的季节进行日光浴是很愉快的，但是在寒冷的冬季和闷热、潮湿的梅雨季，进行日光浴是一件几乎不可能做到的事。特别是在1~3月，此时是流感的高峰期，而且光照较弱，有报告指出，1~3月人的血维生素D水平在一年中最低。

如果将进行日光浴当作了健康而不得不做的事，确实难以坚持，那么，让我们为其增添一些乐趣吧。

我建议你进行远足和打高尔夫球等能一边享受大自然的风光、一边晒太阳的运动。打一场高尔夫球和进行一次远足都要花4~5小时，这段时间里，你都在户外沐浴阳光，自然而然就完成日光浴了。

当然，你有兴趣的话，尝试田间劳动或园艺等能与大自然亲密接触的户外活动也不错。

让我们每周花一些时间，一边享受生活一边进行日光浴吧。

第二章　现代人应该补充的三大营养素

服用维生素D补充剂，每天只需花不到20日元

和年轻人相比，老年人合成维生素D的能力更弱。随着年龄的增长，仅仅积极地晒太阳是不够的，还要通过饮食和服用补充剂来补充维生素D。

维生素D补充剂的制作原料是羊毛脂（羊的皮脂腺分泌的、附着在羊毛上的脂肪）。羊毛脂并不是稀有原料，因此价格低廉。每天服用2,000 IU维生素D补充剂只需花不到20日元，粗略计算，一个月只需花不到600日元。

我让一些体内缺乏维生素D的患者每天服用1,000 IU维生素D补充剂，连续服用3个月，并分别记录了男女患者血维生素D水平的变化情况（详见图2-9）。

你可以看到，连续服用补充剂3个月后，男女患者的血维生素D水平都有所提高，近一半的女性患者的血维生素D达到正常水平（超过30），而只有一名男性患者的血维生素D达到正常水平。

因此，每天服用2,000 IU维生素D补充剂也许就可以使血维生素D水平保持在30左右。你如果选择每粒维生素D含量为5,000 IU的补充剂，就应每2~3天服用一粒。

另外，由于人体内的维生素D在肝脏中转化为25-羟维生素D_3，一旦肝功能减退，血维生素D水平就很难提

高；维生素D具有脂溶性，人体内的维生素D会溶于脂肪，因此肥胖者的血维生素D水平也很难提高。

总而言之，我建议你在医生的指导下服用维生素D补充剂。

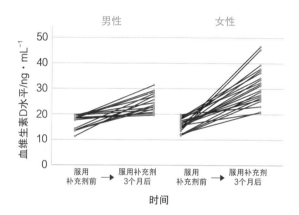

图2-9　连续3个月每天服用1,000 IU维生素D补充剂的
男女患者血维生素D水平的变化情况

（数据来源：满尾诊疗中心）

镁：精力营养素

现代人普遍缺镁

镁——钙的"兄弟元素"

第58页的图2-10是高中化学课本上的元素周期表。没想到吧，你现在要回顾这张表。

横行是"周期"，纵列是"族"，同族元素的性质相似。

最左边的一列中有"钠（Na）"和"钾（K）"两种元素，它们的关系很紧密。细胞内液中有很多钾离子，细胞外液中则有很多钠离子，钠和钾这两种元素在调节细胞的渗透压和维持人体的水平衡方面起着重要作用。因此，最好保证体内钠钾平衡。

很多人喜欢吃高盐食物，所以他们体内的钠水平偏高。在这种情况下，体内的钠钾平衡状态就会被打破，钾离子渗透到细胞外，导致细胞无法正常发挥功能。

例如，血压升高就是人体内的钠钾平衡状态被打破的表现之一。血压偏高的人不仅要少吃盐，还要多吃钾含量高的蔬菜、水果。摄入钾有助于排出体内多余的钠，以恢复体内钠钾平衡的状态，并让细胞功能恢复正常。

现在，请你看向元素周期表第二列的"镁（Mg）"和"钙（Ca）"。细胞内液中有很多镁离子，细胞外液中则有很多钙离子。人体内的钙镁平衡同样非常重要。

但是，现代人普遍缺镁，他们体内钙镁平衡的状态被打破了。

1																	18
H	2											13	14	15	16	17	He
Li	Be											B	C	N	O	F	Ne
Na	Mg	3	4	5	6	7	8	9	10	11	12	Al	Si	P	S	Cl	Ar
K	Ca	Sc	Ti	V	Cr	Mn	Fe	Co	Ni	Cu	Zn	Ga	Ge	As	Se	Br	Kr
Rb	Sr	Y	Zr	Nb	Mo	Tc	Ru	Rh	Pd	Ag	Cd	In	Sn	Sb	Te	I	Xe
Cs	Ba	*1	Hf	Ta	W	Re	Os	Ir	Pt	Au	Hg	Tl	Pb	Bi	Po	At	Rn
Fr	Ra	*2	Rf	Db	Sg	Bh	Hs	Mt	Ds	Rg	Cn	Nh	Fl	Mc	Lv	Ts	Og

*1	La	Ce	Pr	Nd	Pm	Sm	Eu	Gd	Tb	Dy	Ho	Er	Tm	Yb	Lu
*2	Ac	Th	Pa	U	Np	Pu	Am	Cm	Bk	Cf	Es	Fm	Md	No	Lr

图2-10　元素周期表

这些在人体内应保持平衡的同族元素互为"兄弟元素"。我将在后面为你介绍元素周期表中的锌（Zn）、铜（Cu）、镉（Cd）和汞（Hg）。

虽然已经有人指出过度补钙可能导致动脉粥样硬

化，提醒人们不要过度补钙，但仍然有很多宣传"钙对身体好""现代生活导致人容易缺钙"的广告，加上药店里的钙镁补充剂大多是按照"钙：镁=2：1"的比例配制的，导致现代人体内钙和镁的水平更加不平衡。

因此，补镁势在必行。

大力水手吃菠菜会变得力大无穷的原因

很多人都看过美国的高人气动画片《大力水手》，大力水手吃了菠菜罐头就会突然变得力大无穷。

我至今还记得动画片中的大力水手吃了菠菜罐头后力量变大100倍、拯救恋人奥利芙的情景。我问过我的母亲："大力水手为什么会变得力大无穷？"

在我模糊的记忆中，母亲当时告诉我"吃菠菜能补铁"。菠菜确实含铁，不过我认为大力水手的力量之源是镁，而菠菜含有丰富的镁。

腺苷三磷酸（ATP）是新陈代谢所需能量的直接来源，而镁是合成ATP必需的营养素。如果缺镁，人体就无法合成足够的ATP；无法获得足够的能量，人自然会没精神。

有一部纪录片叫《规则改变者——顶级运动员的营养学》。在这部纪录片中，研究人员以运动员和学生为对象，研究了纯肉食和纯素食分别会对身体产生怎样的影响。该纪录片邀请了多位著名演员出镜，具备很强的观赏性。

根据这部纪录片我得出结论，从运动耐力到男性生殖器勃起的能力，纯素食者都比纯肉食者更强。相信

"肉是力量和男子气概的源泉"而长期吃烤肉、炸鸡和汉堡肉饼的人很容易筋疲力尽、精力不足。

在美国，崇尚肉食的人仍然占多数，而意识到蔬菜的营养价值的人也在增加，人们的饮食观念呈两极分化趋势。

我的恩师、美国哈佛大学的维莫尔教授是素食者，他经常把胡萝卜当作零食。

讽刺的是，很多现代人忽视了鱼类和蔬菜等美食的好处，"吃肉才能保持精力充沛"这个观念在年轻人中不断传播。这说明人们普遍没有意识到镁的重要性。

健康食品的生产商同样如此。市面上常见的蔬菜汁的营养素成分表中几乎都有钾和钙，但很少出现镁。并不是这些蔬菜汁不含镁，而是生产商认为没有必要特意标注镁的含量。镁就是如此不受现代人重视的矿物质。

精神压力和身体压力过大会导致镁流失

现代人普遍缺镁有两大原因。

一是现代人的镁摄入量较低。现代人经常食用加工食品，而很少食用在富含矿物质的土壤中培育出来的蔬菜，因此镁的摄入量本来就很低（详见第103页）。

二是现代人压力过大。压力过大会导致镁离子无法留在细胞内，从而不断从身体中流失。这里所说的压力不仅是精神压力，还包括身体压力。例如，当人处于极度寒冷的环境中时，随尿液排出的镁离子就会增多。

服用某些药物也会导致体内的镁离子水平降低。服用利尿剂、口服避孕药和肾上腺皮质激素类药物都可能导致随尿液排出的镁离子增多。

最令我担心的是能抑制胃酸分泌的质子泵抑制剂（PPI）。医生经常给胃溃疡患者和反流性食管炎患者开PPI。但是，PPI会抑制胃酸分泌，引起胃环境碱化，从而阻碍人体对矿物质的吸收。

顺带一提，衰老也属于身体压力，因此人的年龄越大，就越容易缺镁。

这并不代表只要年轻就不会缺镁。在吃着连锁快餐店里的汉堡包和便利店的甜食等垃圾食品长大的年轻一代中，缺镁已经成为严重的问题。

不久前，一位客人来到满尾诊疗中心寻求帮助。这位客人在上高中的女儿早起非常困难，而且经常出现精神倦怠的现象，这位客人非常担心。仔细询问后我发现，他的女儿有典型的偏食情况，不喜欢吃含镁的食物。

这位客人对女儿偏食的情况束手无策，于是我给他的女儿开了镁补充剂，过了一段时间，他女儿的精神好了很多，早起也没那么困难了。

如果缺镁，全身各处都可能出现异常

腿部肌肉痉挛是缺镁的信号

镁具有放松全身肌肉、消除痉挛的作用，因此被称为"舒缓矿物质"。我们平时提到的肌肉通常指骨骼肌，实际上，心脏中的心肌和其他组织、器官中的平滑肌也是非常重要的肌肉。一旦缺镁，全身各处的肌肉都可能过度紧张。

骨骼肌的过度紧张状态很容易被感知到，例如，肩部肌肉过度紧张会导致肩部活动受限、肌肉疼痛和痉挛。

网球比赛中经常出现选手因肌肉痉挛而被迫弃权的情况，足球和橄榄球比赛中也有因选手腿部肌肉痉挛而不得不换人的情况。发生这些情况是因为人在短时间内做高强度运动，体内产生了巨大的压力，导致肌细胞内的镁流失。

很多缺镁的老年人睡觉时会出现腿部肌肉痉挛的情况。即使是年富力强的人，也可能在打高尔夫球的时候出现腿部肌肉痉挛。

肌肉痉挛的原因很可能就是缺镁。请你不要用药物应付一时，而要通过日常饮食解决缺镁的问题。

缺镁引发的各种疾病

缺镁会引发心脏疾病。

心绞痛的症状是胸骨后部或心前区疼痛，而心绞痛是心肌梗死的先兆，你一定要重视。即使做精密检查，也可能因看不到异常而无法判断发病原因。医学界普遍认为，心绞痛是向心肌输送血液的冠状动脉血管壁痉挛导致的。

实际上，心绞痛可能是缺镁导致的。研究结果显示，低镁血症患者患心脏疾病的风险更大。

该研究在1987~1989年和1990~1992年共采集了近15万名男女（平均年龄54岁）的血液样本，根据他们的血镁水平将他们平均分为5组，跟踪调查他们的身体健康状况。

研究结果显示，血镁水平最低的一组患心脏疾病的人数是血镁水平最高的一组患心脏疾病人数的1.28倍。

头部血管壁和肌肉过度紧张会导致偏头痛，使人感受到针扎般的疼痛。

除此之外，气管平滑肌过度紧张会引发哮喘，肠道平滑肌过度紧张会引发便秘……缺镁导致的肌肉过度紧张会引发各种各样的症状（详见图2-11）。

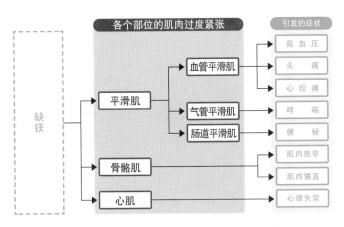

图2-11　缺镁导致的肌肉过度紧张引发的症状

摄入镁可以预防糖尿病

镁具有抑制血糖水平上升的作用，所以如果长期处于缺镁状态，就容易患上糖尿病。

让我为你简单解释其中的原理。

摄入镁能够缓解胰岛素抵抗现象——人体对胰岛素的反应性降低，使胰岛素促进葡萄糖摄取和利用的效率降低。也就是说，胰岛素抵抗越严重，胰岛素就越不容易正常发挥作用，人体的血糖水平也就越容易上升。

2018年，研究人员以40名糖尿病患者为对象，对服用镁补充剂与缓解糖尿病之间的关系进行了研究。

在这项研究中，40名糖尿病患者被平均分成两组，一组每天服用250 mg镁补充剂，另一组每天服用安慰剂，持续观察3个月。

结果，服用镁补充剂的一组患者体内的糖化血红蛋白（HbA1c）水平下降了0.36%，胰岛素抵抗指数（HOMA-IR）下降了28%。糖化血红蛋白水平可以有效地反映过去的2~3个月个人的平均血糖水平。糖化血红蛋白水平和胰岛素抵抗指数的下降表示研究对象的糖尿病有所缓解（详见图2-12）。

糖尿病很可怕，可能导致肾功能衰竭、视网膜功能障碍、神经功能障碍，甚至致人死亡。另外，糖尿病会引发血管疾病，使患者出现认知障碍和患癌症的风险增大。

对现代人来说，控制血糖水平是必要的。

我在前文中提到过，镁是合成ATP必需的营养素。如果缺镁，人就容易疲劳、失去活力，也更容易抑郁。

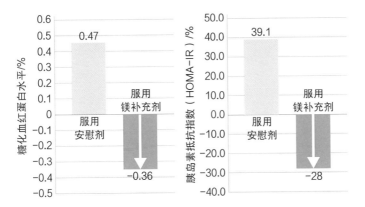

图2-12　患者服用镁补充剂与缓解糖尿病之间的关系

[数据来源：The Effects of Oral Magnesium Supplementation on Glycemic Response amog Type2 Diabetes Patients.Nutrients.2018 Dec 26;11(1).]

通过补镁而非吃安眠药来解决失眠问题

缺镁还会造成失眠。

很多人认为，如果为失眠所困扰，只要吃安眠药就可以解决。实际上，这样做非常危险。

在日本，苯二氮䓬类药物经常被用作安眠药或者镇静剂。但是，只有日本这样做，其他国家在使用苯二氮䓬类药物时都非常谨慎。

实际上，日本厚生劳动省经常提醒日本民众，苯二氮䓬类药物可能导致认知障碍。

日本医生很清楚苯二氮䓬类药物的危险性，但当患者抱怨"失眠令我非常痛苦"时，他们还是会为患者开这类药物。

当然，短期服用这类药物并不会导致认知障碍；但如果长期服用，不仅容易出现认知障碍，还会对这类药物产生依赖，很难停药。

正值盛年的人经常由于工作压力大而焦躁不安，加上体内的镁不断流失，就容易陷入"身体和精神的双重痛苦"状态，并因此经常失眠。

为了不对这类药物产生依赖，请你通过日常饮食踏踏实实地补镁。

如何补镁

积极食用深绿色蔬菜和海藻类食物

根据日本厚生劳动省的指示，以30~49岁的人为例，男性的镁摄入量应为每天370 mg，女性的镁摄入量应为每天290 mg。

那么，哪些食物富含镁呢？

镁含量最高的一类食物是深绿色蔬菜。卷心菜和生菜的镁含量较低，而羽衣甘蓝、菠菜、西蓝花、苦瓜等深绿色蔬菜非常适合需要补镁的人。

羊栖菜、紫菜、海带、裙带菜等海藻类食物也富含镁。由于肠道细菌喜欢海藻类食物，因此食用海藻类食物有益肠道健康。但是，吃太多海藻类食物可能干扰甲状腺的功能，因此不要过量食用。

我建议你多吃纳豆、味噌、豆腐等豆制品。我会在后面为你详细介绍纳豆，它是健康食品，我建议你每天都吃一些。青背鱼、章鱼、牡蛎等不仅富含镁，还富含维生素D和锌，食用它们可谓一举三得。此外，牛油果、香蕉、坚果与种子也是富含镁的优质食物。

不含添加剂、未经加工的天然谷物也是很好的选择。100 g 精制白米饭含7 mg 镁，而100 g 糙米饭含49 mg 镁，二者的镁含量相差很大。

面粉同样如此，面粉在精加工后不仅会丧失镁，还会大量丧失其他必需营养素。

通过泡澡补镁

我建议你泡澡时使用含硫酸镁的入浴剂。很多年轻女性都喜欢用含七水硫酸镁的入浴剂。

泡澡时使用含硫酸镁的入浴剂能缓解失眠问题，你如果有失眠问题，一定要试试。先将入浴剂放入浴缸溶解再泡澡，就像泡海水浴一样。此时，镁离子会通过全身皮肤进入人体细胞。而且，镁具有暖身驱寒、放松肌肉的作用，因此泡澡时使用含硫酸镁的入浴剂再合适不过了。

硫酸镁泉等富含镁盐的温泉经常出现在各个温泉馆的广告牌上，经常泡这些温泉不仅能够促进血液循环、缓解肩部酸痛、缓解疲劳，还能缓解关节疼痛和肌肉疼痛问题，以及干癣、晒伤等皮肤问题。

你可以在超市或购物网站购买到含硫酸镁的入浴剂，它们的价格和普通入浴剂的价格差不多，粗略计算，使用一次只需花30日元。

锌：抗氧化营养素

缺锌可能引发基因层面的问题

锌参与人体内数百种酶的合成

锌是人体内数百种酶的组分或激活剂，与这些酶共同参与人体内的各种代谢，比如蛋白质、乳酸和酒精的代谢。锌最重要的作用是抗氧化及促进有害金属元素排出体外。

但我最想向你介绍的锌的作用是增强免疫力。

2016年，美国的研究人员发表的一篇研究论文中提到，补锌可以增强免疫力。该研究以超过65岁、血锌水平低于70的人为研究对象，将其平均分成两组，在3个月内让一组人每天服用30 mg锌补充剂，另一组人服用安慰剂。

研究结果显示，服用锌补充剂的一组人的血锌水平有所提高，体内与免疫力有关的T淋巴细胞也有所增加。

除了增强免疫力，锌还有许多作用。在构建骨骼、糖代谢、合成胰岛素、维持胰岛素水平、合成对肝脏而言非常重要的蛋白质、促进皮肤细胞再生、促进味觉细胞生成、促进性激素的分泌并维持性激素水平、维持垂体功能等生理过程中，锌都是不可或缺的。

你可以从第70页的图2-13中看到人体组织、器官及体液中的锌水平（并非血锌水平）。

可以看出，前列腺和精液等男性特有的器官和体液中的锌水平很高。你或许听说过，缺锌会影响男性性功能。确实如此，锌对促进性激素分泌和维持性激素水平而言是不可或缺的。

当然，锌并非与女性的身体健康无关。

锌对视网膜非常重要，如果缺锌，人的视力就会下降。如果大脑中的锌水平不足，人就可能出现认知障碍。对与新陈代谢紧密相关的肝脏、肾脏、胰腺等器官而言，缺锌会导致它们本身的功能减弱。

另外，锌在DNA转录与修复的过程中发挥着重要作用。细胞分裂时，锌负责拉开细胞的"拉链"。锌指（zinc finger）是由锌结合介导的一类具有指形特征的结构，主要存在于作为转录因子的DNA结合结构域模体中，可以有效结合核酸或其他蛋白质。因此，缺锌可能导致基因层面的问题。

我会在后面详细说明缺锌可能引发的症状，总之，请你记住，对缺锌的问题置之不理是非常危险的。

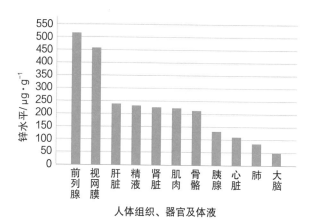

图2-13 人体组织、器官及体液中的锌水平

［数据来源：『亜鉛は糖代謝・成長・味覚に必須のミネラル』

（桜井弘・著／ふるさと文庫）］

缺锌带来的严重问题

那么，缺锌时人体内会发生什么呢？高血压、风湿性关节炎、胃溃疡、骨质疏松症、味觉障碍等问题全都可能发生。

需要特别注意的是，缺锌会导致各种皮肤问题，这一点我将在后面详细说明。

锌与男性健康直接相关的一点是，缺锌会增大患前列腺癌的风险。实际上，已有研究结果表明，土壤和地下水的锌含量较低的地区前列腺癌患者较多。此外，多篇论文显示，服用锌补充剂能够明显降低患前列腺癌的风险。

"缺锌的人容易患糖尿病"这个观点已经得到证实。锌参与糖代谢及胰岛素的合成和储存，如果缺锌，血糖水平就会上升。

相反，补锌可以预防糖尿病。

2018年，日本进行了一项以160名绝经的女性（80名健康女性和80名糖尿病高危女性）为对象的研究。通过调查与糖代谢相关的血液数据发现，糖尿病高危女性体内的锌水平更低，该数据具有统计学意义。

另外，研究结果显示，锌和锶（原子序数为38的化学元素）与胰岛素抵抗指数呈负相关。也就是说，补充锌和锶有预防糖尿病的作用。

被认定为疑难杂症的克罗恩病、会导致失明的老年性黄斑变性、患者数量急剧增加的注意缺陷多动障碍（ADHD）、抑郁症、男性不育症等都可能是缺锌引发的。

缺锌的人体内容易蓄积有害金属元素

请你回头看一看第58页的元素周期表。

锌（Zn）属于12族元素，铜（Cu）属于11族元素。

接下来请看锌的下方，同属于12族元素的有哪些？你能看到的是有害金属元素镉（Cd）和汞（Hg）。

众所周知，镉是导致痛痛病的元凶，汞是导致水俣病的罪魁祸首，二者在人体内的水平都是越低越好。但是一旦缺锌，这些有害金属元素就很容易在人体内蓄积。

人体内会分泌负责排出有害物质的金属硫蛋白（metallothionein）。平时，金属硫蛋白与锌结合后贮存在人体内。一旦镉和汞等有害金属元素进入人体，金属硫蛋白就会与锌分离，与这些有害金属元素结合后排出体外。

也就是说，只要人不缺锌，体内就有足以排出有害金属元素的金属硫蛋白；但是人如果缺锌，体内的金属硫蛋白就会不足，导致摄入的有害金属元素在体内蓄积。

日本人体内的镉和汞本来就比较多，因为日本有很多大米镉含量超标，而日本人爱吃的金枪鱼等鱼类汞含量也较高。

因此，为了能够继续享用可口的饭菜，你不能对缺锌这个问题视而不见。

缺锌会对皮肤、头发和指甲的质量造成不良影响

缺锌会导致各种各样的皮肤问题。锌可以保护皮肤，如果人缺锌，皮肤就会因为外部的刺激而出现炎症。这些炎症往往不容易治疗，而且很可能恶化。

如果母亲的乳汁中缺锌，就有可能导致孩子的皮肤出现炎症。

另外，肠病性肢端皮炎是一种罕见的遗传性锌缺乏症，患者的肠道天生无法正常吸收锌。这种疾病会引发严重的皮炎，容易伴随感染。幸运的是，这种遗传病可以通过补锌得到改善。

补锌对治疗压疮同样有效。长期卧床的患者，身体局部组织会因为体重的压迫而供血不足，发生缺血、缺氧的情况，导致皮肤组织溃烂、坏死，长出压疮。压疮严重时甚至会导致骨骼露出，无论是对患者还是护理人员来说都很痛苦。研究结果表明，补锌有助于治疗压疮。

不只是皮肤，头发和指甲也会因缺锌而变得脆弱。

随着年龄的增长，头发和指甲会渐渐失去弹性，其中也有缺锌的原因。

第一个提出锌的重要性的人是印度医生阿南德·普拉萨德。20世纪60年代，他对伊朗常见的矮小儿童进行了研究，研究结果表明，他们矮小的原因就是缺锌。

20世纪60年代，伊朗的儿童普遍存在骨骼生长不良、身高过低、皮肤病变、头发稀疏等问题。

普拉萨德医生对他们进行了更详细的跟踪调查，发现这些儿童有贫血、学习能力低下、性腺功能低下、肝脾肿胀等问题，他们的生命受到了严重威胁，有些人甚至在25岁之前就因严重感染而死亡。

但幸运的是，只要补锌，这些症状就能够得到改善。

富含锌的食物

纯可可粉、抹茶、芝麻等食物富含锌

成年男性的锌的每日推荐摄入量为11 mg。也就是说，成年男性每天只要吃4~5个较大的牡蛎，就能补充足量的锌。

但是，研究结果表明，每日摄入量能达到这个水平的成年男性并不多，40%的60岁以上男性，锌的每日摄入量仅为 7 mg。

提到富含锌的食物，人们总会想到牡蛎。除了牡蛎、猪肝、奶酪、蛋黄、杏仁、纯可可粉、抹茶、芝麻等食物的锌含量也很高。

不过，和前文中提到的富含维生素D和富含镁的食物一样，并不是说只吃我列举的这些食物就够了。

　　我会在第四章中详细介绍，你要吃海鲜、蔬菜、豆制品、以糙米和全麦面粉为原料做的面包等优质食物，以保证营养均衡。

　　当然，你要避开快餐、加工食品等，这些食品几乎不含对人体有益的矿物质。

缺锌会导致味觉障碍

　　如果将吸烟的人和不吸烟的人的味觉细胞放大，就会发现与不吸烟的人相比，吸烟的人味觉细胞严重受损。

　　吸烟会对味觉造成不良影响，而缺锌的人和吸烟的人一样，也会产生味觉障碍。

　　不用说，味觉细胞对感受食物的味道来说非常重要。很多人戒烟后会发胖，因为他们的味觉细胞功能恢复正常后，他们能尝出食物的鲜美味道，结果吃得太多。

　　本书强调的是饮食的重要性，而非一味要求"你应该吃哪些食物"，我希望每位读者都能认真思考"饮食是什么"。

　　以蔬菜为例，在优质土壤中种植的有机蔬菜与无视季节因素、在大棚中种植、喷洒大量农药的无机蔬菜相比，味道和口感完全不同，原因就是这两种蔬菜的矿物质及其他多种营养素的含量不同。

　　每个人都希望自己能尝出食物的味道和口感的差别，但如果缺锌，人的味觉功能就会下降，很有可能无法充分享用美食。

请你在日常生活中建立良性循环：吃优质食物→摄入锌→保持味觉细胞功能良好以享用美食→想吃更多优质食物。

随着年龄的增长，人体内的锌水平会不断下降

我认为正常的血锌水平为80~135。实际上，无论男女，血锌水平低于80的人不在少数。而且从70岁开始，人的血锌水平会急剧下降。男性的血锌水平会随着年龄的增长逐渐下降，而女性在70岁后，血锌水平急剧下降的现象非常明显（详见第76页图2-14）。

归根结底，缺锌的原因有两个，一是锌吸收不良（虽然能吸收，但是吸收不充分），二是锌排泄过量（排出体外的量过多）。

慢性胰腺炎、慢性肠炎、克罗恩病等消化系统疾病会导致锌吸收不良，服用血管紧张素转化酶抑制剂和青霉素会阻碍人体吸收锌。另外，怀孕会导致女性吸收锌的能力下降。

锌排泄过量是由糖尿病、慢性肾功能不全、肝功能不全等疾病引发的。由于酒精的代谢需要锌，所以酗酒的人容易缺锌。

锌与维生素D的关系同样引人注目。在缺维生素D的人群中，缺锌的人占比很大，特别是70多岁的女性，她们缺锌的情况更加严重。

这与女性70岁后血锌水平急剧下降不无关系。女性

70岁后，体力变差，外出接受紫外线照射的时间减少，因此她们往往缺乏维生素D和锌。

当然，男性同样如此。前文中提到，缺锌会导致男性性功能下降。不爱出门的男性很可能缺乏维生素D和锌，他们性格内向、怯懦、缺乏男子气概，并因此更加不爱出门。久而久之，就会形成恶性循环。

此外，根据现代人的饮食习惯分析，现代人体内维生素D、锌和镁不足的可能性很高。

因此，请你有意识地通过饮食补充这三大营养素。

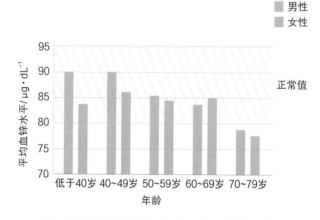

图2-14　不同性别、不同年龄人群的平均血锌水平

（数据来源：满尾诊疗中心）

第三章

在不知不觉中过量
摄入的可怕物质

食品添加剂：让心脏疾病的致死率提高 1.5 倍

为配合日本《食品卫生法》的实施，日本厚生劳动省于 1948 年 7 月 13 日制定了《食品卫生法实施细则》，对《食品卫生法》中的具体条款进行了细化和解释，开始限制食品添加剂的使用。之后，日本根据实际情况不断修改这部法律，但是，我认为这部法律存在局限性。

各种食品添加剂的使用方法和危险程度各不相同。食品生产商使用食品添加剂的理由有很多。

·延长食品保质期；

·延缓食品氧化过程；

·让食品的外形更美观；

·让食品的颜色更鲜艳；

·为食品增添风味。

对消费者来说，生产商出于上述理由使用食品添加剂看上去是合理的。没有人愿意吃腐烂、发霉的食品，当然，美观的食品更容易引起人的食欲。但实际上，食品添加剂中的某些成分对人体造成的伤害远比你想象中的大得多。

添加亚硝酸钠能让火腿和辣味鳕鱼子等食品呈现诱人的红色，但亚硝酸钠可能致癌，很多人都注意到了这一点。

前文中提到的磷也存在于很多食品添加剂中，但人们经常忽视磷的危害。

磷是人体必需的矿物质，但人体内的磷水平过高会引发各种问题。很多天然食物本身就含磷，但生产商在食品加工过程中还会添加磷，这样做就会导致人们摄入过量的磷。许多健康杂志都提到过此类问题。

进入人体的磷会在肠道中与钙结合，阻碍钙的吸收。而钙吸收不足时，人体就会溶解自身的骨骼，以维持血钙水平正常。因此，人体内的磷水平过高会导致骨骼更容易溶解。

另外，骨骼溶解产生的钙会沉积在血管内壁上，引发血管硬化，加速动脉粥样硬化，还可能导致血压升高、肾功能衰竭、心肌梗死等。

我认为正常的血磷水平为2.5~4.0 mg/dL[①]，理想水平为2.5~3.4 mg/dL。你可以从图3-1中看到：与血磷水平理想的人相比，血磷水平高于3.5的人因突发心肌梗死而死亡的风险更大；血磷水平高于4.0的人因突发心肌梗死而死亡的风险是血磷水平理想的人的1.5倍。

---

①血磷水平的换算公式为1 mg/dL（即mg·dL^{-1}）= 0.323 mmol/L。——编者注

过量摄入磷可能引发的症状有腹痛、腹泻、腹胀、恶心及过敏等。

另外，过量摄入磷会对肾脏造成极大的危害。

肾功能低下的人原本就不能顺利排出磷，因此他们体内更容易蓄积磷，久而久之，这样的恶性循环可能导致肾功能衰竭。因此，医生会建议做透析的患者严格控制磷的摄入量。

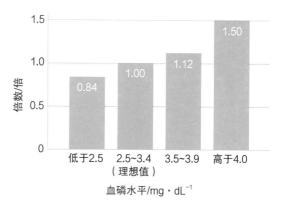

图3-1　与血磷水平为理想值的人相比，血磷水平偏高或偏低的人
因突发心肌梗死而死亡的风险大小

［数据来源：Circulation.2005 Oct25;112(17):2627-33.Relation between serum phosphate level and cardiovascular event rate in people with coronary disease.］

磷：大量存在于加工食品和日化品中

酸味剂、乳化剂、膨松剂、增稠剂等食品添加剂都含磷！

磷是肉类、鱼类、豆类、谷类等食物中天然存在的成分。如前文所述，为了保持健康，摄入一定量的磷是必要的。但是现代人容易过量摄入磷，并因此导致健康受损。

发生这种现象的原因有两个：一是现代加工食品中存在大量会严重危害人体健康的无机磷；二是现代人饮食结构的普遍西化。

豆类和谷类等天然植物性食物中的磷不会残留在体内，因此你可以放心食用它们；但你在吃肉类和鱼类等动物性食物时需要注意，它们的磷含量较高。欧洲和美洲患心脏疾病的人数较多，与当地的牛肉消费量较高不无关系。

然而，无论如何，最危险的都是食品添加剂中的无机磷。

食品生产商不断生产各种各样的加工食品，以满足大众对美食的需求。但是，好吃到让人停不下嘴的加工食品含无机磷的概率非常大。

例如，为了使香肠和鱼糕等食品口感筋道，磷是不可或缺的。不添加磷的食品反而会以"不含磷"为卖点。也就是说，食品生产商明明知道健康意识强的人会关注磷的摄入量，但依然使用含磷的食品添加剂。

盛夏时人们爱喝的能量饮料，其配料表中经常出现"磷酸钠"，磷酸钠可以让能量饮料的味道更好，毕竟消费者不愿意花高价购买味道像糖盐水一样的饮料。

话说回来，无论是香肠还是能量饮料，会在配料表中写明"磷"字，食品生产商就称得上是有良心的了。

磷，准确来说是磷酸盐，作为重要的食品添加剂被广泛用于食品加工。含磷的食品添加剂种类繁多，如"酸味剂""抗氧化剂""乳化剂""膨松剂""增稠剂""碱水"等。

碱水面、软饮料、乳制品、加工肉类、鱼肉肠等很多常见的加工食品都含磷酸盐。但是，这些食品的配料表上可能并没有"磷"字。"磷酸""磷酸钠"等很容易被人注意到；那些名字又长又复杂的磷酸盐，如"焦磷酸钠""聚磷酸钠""偏磷酸钾"等，也还能让人看到其中的"磷"字；但有些食品的生产商以各种能让人惊呼"这也是磷！"的名称代替磷酸盐，例如，生产软饮料经常用到的"酸味剂"，这个名字看上去很清爽，恐怕大多数人都不会在意，但你可不能被它的名字误导，它很可能是磷酸（详见表3-1）。

去超市或便利店看看食品和饮料的配料表，你就会发现含磷食品添加剂的使用是多么普遍。

表3-1　几种含磷食品添加剂的名称、适用的食品和作用

名称	适用的食品	作用
碱水	碱水面	改善口感和风味
抗氧化剂	发酵食品、乳制品、人造黄油	防止食品变质和变色
酸味剂	软饮料	增加酸味
增稠剂	火腿、香肠、鱼糕	使食品口感更筋道
乳化剂	再制奶酪	作为原料的天然奶酪加热、熔化时，防止酪蛋白凝固
膨松剂	海绵蛋糕、饼干	产生气体，使食品膨松、柔软或酥脆
营养强化剂	牛奶、营养强化食品	补充天然食品的营养缺陷，改善食品中的营养素比例

●几种磷酸化合物的名称

焦磷酸钠/聚磷酸钠/偏磷酸钾/三聚磷酸钠/四聚磷酸钠/偏磷酸钠/过磷酸

[资料来源：『リンの事典』（大竹久夫ほか著／朝倉書店）]

我是听着"不要喝可乐，因为可乐会让骨骼溶解"之类的话长大的，但我那时完全不能理解这句话。不过，我现在知道了过量摄入磷的危害，就能充分理解这句话了。

不关心饮食质量的人容易过量摄入磷

美国有一项以"居民血磷水平与年收入的关系"为主题的研究。研究结果显示，居民年收入越低，血磷水平就越高。

我经常参加美国营养学会的各项活动，每次去美国，我都能深切感受到美国人饮食的"两极分化"。富人和穷人去的超市不一样。穷人经常去的超市不售卖优质黄油，而堆满了富含有害的反式脂肪酸的人造黄油。除此之外，这些超市还售卖廉价的超大号比萨、奶酪通心粉（主要原料是富含磷的再制奶酪）等许多能快速填饱肚子但对健康有害的食品。而以富人为目标客户的超市售卖的是未经加工的新鲜食材，如有机蔬菜等。这样一来，不同收入阶层的人的健康差异就出现了。

这种情况不仅出现在美国，还出现在了日本。虽然日本的居民贫富差距不如美国的明显，但是日本居民饮食健康意识的差距非常明显。

饮食健康意识的差距体现在进入自己口中的食物是认真考虑过能否食用的，还是不加思索就吃下去的。你如果认为自己属于后者，就必须尽快改变自己的饮食健康意识。

化妆品、沐浴液和洗发水也可能含磷

我整理了来咨询的患者的血磷水平数据，发现很多患者的血磷水平集中在3.4和3.5之间。

我将患者的数据按照性别分开查看，发现女性的平均血磷水平比男性的高。

通过与患者交谈，我发现患者血磷水平过高的原因大多是他们爱吃加工食品，但我一开始并没有找到女性的平均血磷水平比男性的更高的原因。后来，我发现这似乎与女性使用的化妆品、洗发水和沐浴露有关。

实际上，很多化妆品、洗发水和沐浴露都含磷，磷会通过皮肤进入身体。

最近，注重外表的男性越来越多，男性对化妆品的关注度也越来越高。对天气炎热时也要频繁外出的人而言，止汗剂是不可或缺的。另外，号称有生发效果的洗发水，香气清新、迷人的沐浴露，不伤害牙龈的洁牙粉，以及各种各样的化妆品大多含磷，购买它们时，你一定要仔细查看成分表，检查其中是否有名称复杂的磷酸化合物。

金属元素：增大认知障碍和过敏的风险

喜欢吃金枪鱼的人要注意体内的汞水平！

我会对患者的毛发进行分析，以检测患者体内砷、铅、汞、镉、铝、镍等17种有害元素的水平。

工业革命后，人类开始大量使用煤和石油等化石燃料。化石燃料燃烧时生成的有害气体会进入空气，然后和雨水一起降到地面和海面上，造成环境污染。

金枪鱼是营养丰富的优质食物，但过量食用金枪鱼会导致体内的汞水平超标。

金枪鱼等体形较大的洄游鱼在海洋中位于食物链的顶端，被它们吃掉的小鱼体内的汞会不断在它们体内蓄积。

对患者的毛发进行分析后，我发现与其他国家的人相比，经常吃金枪鱼的日本人平均汞水平高得多。美国人的平均汞水平低于0.8 mg/kg，而日本人的平均汞水平高达5 mg/kg。

令人震惊的是，有些人体内的汞水平高达10 mg/kg，这就很危险了。女性体内的汞水平会因生育而降低，也就是说，生下孩子后，女性体内的汞会转移到孩子身上。

有人认为自闭症与体内汞水平过高有关。其实不仅是汞，所有有害元素的蓄积都会给成人和孩子带来不好的影响。我希望你在日常生活中尽可能地避免摄入有害元素。

增大认知障碍和过敏的风险

过量摄入有害元素是造成认知障碍的原因之一。

研究报告显示，虽然欧美国家的老龄化问题越来越严重，但这些国家的居民认知障碍的发病率在逐渐降低，虽然降低的幅度不大。这真是一件不可思议的事情。

至于原因，有人认为是"他们摄入的铅越来越少"。

1920~1970年，欧美国家滥用含铅的汽油，导致大气中的铅越来越多，污染也越来越严重。当时人们被迫摄入了大量的铅。然而，随着环保政策的落实，人们摄入的铅在减少，因此认知障碍的发病率不断降低。

铝也是一种重要的金属元素，在日常生活的各个方面被广泛利用。但是研究报告显示，体内的铝过量会引起线粒体功能障碍，甚至引起认知障碍。

法国的一项研究发现，某些地区的自来水中铝的含量超过0.1 mg/L，这些地区的居民每天饮用这样的自来水，导致出现了群体性认知功能下降的情况。随着相关研究的深入，铝对人的认知功能产生影响的过程和原理逐渐呈现在人们面前。

镍也是你必须关注的金属元素。如果镍附着在食品中的蛋白质上，吃下这些食品就可能出现各种各样的过敏现象。我在很多严重过敏的患者的毛发中检测出了大量的镍。

以大豆过敏为例。在一般情况下，人吃下大豆后，大豆蛋白中的氨基酸会在消化酶的作用下分解，不会引起任何问题。但是，如果人体内的镍附着在大豆蛋白上，就会阻碍消化酶发挥作用，大豆蛋白中的氨基酸无法得到分解，最终导致人过敏。

大豆是营养丰富的优质食物，出于健康考虑应该多吃大豆，可一旦体内的镍蓄积，多吃大豆反而对身体有害。

像荞麦过敏一样吃下食物后会立即出现症状的即时性过敏，是比较容易找到过敏原的；但是，由镍蓄积间接导致的延迟性过敏的症状在吃下食物几周后才会逐渐显现。如果出现原因不明的关节疼痛，贴上膏药或服药后依然没有好转，就很可能是延迟性过敏导致的。

肉类、蛋类和乳制品等食物富含动物蛋白，面粉富含谷蛋白，这些食物营养丰富，它们引起过敏的原因是人体内的某些有害物质（比如镍）附着在其中的蛋白质上。这些有害物质摄入量的增加是现代过敏人数增加的原因之一。

花粉症也是如此。花粉本身并没有罪过，它自古以

来一直存在，但因为漂浮在空气中的细颗粒物（PM2.5）
等附着在花粉上，才让花粉变成了花粉症的过敏原。

　　顺带一提，大多数化妆品都含镍。

糖：过量摄入导致免疫力下降

米饭是很多人喜欢的食物，有些人能吃下分量惊人的米饭。但是，米饭和面食等食物富含的碳水化合物和白砂糖一样，都属于糖类。

糖类能提高血糖水平，因此过量摄入碳水化合物会引发糖尿病。研究结果表明，糖尿病患者的免疫力较低，容易并发血管疾病、癌症、阿尔茨海默病等生活方式疾病。

研究结果表明，糖尿病患者的平均寿命比非糖尿病患者短10年。因此，请你注意米饭的食用量。

你认为，成人每天应摄入多少糖呢？

在建筑工地等场所工作、从事体力劳动的人每天应该摄入300 g糖，久坐的办公室职员每天最多摄入200 g糖，而想减肥的人必须将糖的摄入量控制在每天150 g以下。

实际上，很多人每天摄入的糖都超过了300 g。

一人份的幕之内便当①约含150 g糖。其中每个饭团大约含50 g糖，所以两个饭团就含100 g糖，而菜肴大约含50 g糖。也就是说，想减肥的人在午饭吃便当的情况下，早餐和晚餐不能吃米饭和面食。

当然，可乐和果汁等饮料的含糖量也很高，喜欢喝这些饮料的人自然会发胖。

我在第92页的图3-2中列举了人们爱吃的食物的热量和含糖量。鸡肉鸡蛋盖饭、咖喱饭等只吃一点儿就能摄入大量糖。

要想得知自己摄入的糖是否过量，就必须定期测体重。尽可能地每天早上测一次体重，即使做不到，也要每周测1~2次体重。

体重过度增加不仅会导致体形不够美观，还会导致免疫力下降，并可能引发多种疾病。

炸薯条和甜甜圈具有潜在危险性

在连锁餐厅和居酒屋的菜单上，配菜一栏几乎都有"炸薯条"，因为喜欢它的顾客数不胜数。

人们究竟是从什么时候开始这么喜欢吃炸薯条的呢？也许是从跨国连锁快餐店迅速扩张开始的。它们提供的食品使用统一的配方，在全国乃至全世界范围内，

---

① 幕之内便当：原指观剧中场休息时吃的便当，现在泛指菜肴种类丰富的豪华便当。——译者注

米饭
150 g

热量252千卡

含糖55.1 g

鸡肉鸡蛋盖饭
米饭250 g
鸡肉60 g

热量700千卡

含糖105.9 g

咖喱饭
米饭230 g
肉60 g

热量783千卡

含糖108 g

蛋包饭
米饭200 g
肉75 g

热量695千卡

含糖87 g

鸡蛋乌冬面
乌冬面250 g
鸡蛋50 g

热量382千卡

含糖58.6 g

酱油拉面
拉面230 g
叉烧肉20 g

热量429千卡

含糖69.7 g

日式蘑菇意面
意大利面250 g
蘑菇90 g

热量561千卡

含糖70.1 g

章鱼小丸子
370 g

热量365千卡

含糖44.4 g

豆沙面包
100 g

热量280千卡

含糖47.5 g

菠萝包
100 g

热量485千卡

含糖76.1 g

梅干饭团
米饭100 g

热量179千卡

含糖38.8 g

切块蛋糕
110 g

热量378千卡

含糖51.1 g

图3-2　人们爱吃的食物的热量和含糖量

[数据来源：『増補新版　食品別糖質量ハンドブック』（江部康二・監／洋泉社）]

同一品牌的跨国连锁快餐店的分店里的炸薯条都是一样的味道。或许有人认为"这样才能放心食用"，但是，人们对食品的信任不应来源于熟悉，而应来源于品质和营养价值。

一位40多岁的男士曾来到满尾诊疗中心寻求帮助。他很胖，非常喜欢吃薯片，但他从没想过大量食用薯片是他肥胖的原因。

听说薯片含大量糖时，他大吃一惊，对我说："薯片明明是咸的。"

请你注意，无论是炸薯条、薯片还是甜食，都是以薯类和面粉等富含碳水化合物的食物为原料、油炸后制成的。

碳水化合物在高温下会产生致癌物质丙烯酰胺，还会产生大量能加速人的衰老的物质"晚期糖基化终末产物"（AGEs）。

很多快餐店和食品生产商用的都是富含反式脂肪酸的劣质食用油，反式脂肪酸对人体有害，可能引发心脏疾病。另外，食品油炸的时间越长，其中的脂肪被氧化的程度就越高，所含的有益健康的必需脂肪酸也就越少。

薯片、炸薯条和甜食等垃圾食品从本质上说都是加了调味料的油炸碳水化合物，吃这些垃圾食品会上瘾，对身体而言几乎没有任何好处。

人工甜味剂是甜食令人上瘾的原因

患有嗜糖症的人无法戒掉甜食，他们对甜食的渴望达到了上瘾的程度。不论饥饿与否，他们都想吃甜食。对他们而言，不吃甜食就和吸毒者戒除毒瘾一样困难。

研究结果表明，缺镁容易引起嗜糖症。

而过量摄入人工甜味剂也是引起嗜糖症的原因。喜欢甜食又不想发胖的人往往认为"零卡路里"的人工甜味剂是他们的好朋友。但实际上，人工甜味剂是他们的大敌。

很多人即使不打算减肥，也会在选择软饮料时倾向于零卡路里饮料，他们认为这种饮料更健康，结果却适得其反。

人工甜味剂正如其名，是人工合成的，它的甜味是普通砂糖的好几倍。你如果经常吃添加了人工甜味剂的甜食，对甜味的感知能力就会越来越迟钝，也就会吃越来越多的甜食来满足味觉的需求。这就像染上毒瘾一样。

最重要的证据是，日本厚生劳动省规定了大多数人工甜味剂的使用量，也就是说，它们是不够健康的。

另外，研究结果表明人工甜味剂会对肠道菌群产生不良影响。肠道菌群的平衡是维持健康的重要前提，具体内容我会在本书的第五章中介绍。

无论如何，过度渴望对身体有害的甜食是身体出现异常的信号。我希望你客观地审视自己，判断自己的饮食是否健康。

第四章

增强免疫力的食物
和饮食方式

采取正确的饮食方式
是获得健康的前提

　　我根据在美国哈佛大学学到的营养学知识，提出了适合现代人的饮食建议。

　　2002年，我创办了专门提供抗衰老医疗服务和预防医疗服务的满尾诊疗中心。我在前文中提到，我曾经是日本杏林大学医学部附属医院急救中心的一名医生，我发现很多被送到急救中心的患者明显是因为生活习惯较差而生病，甚至出现了生命危险。

　　"患者为什么不在情况变得严重之前采取预防措施呢？"面对重症患者时，医生经常提出这个问题。但是话说回来，没有人告诉患者应该怎样做。正因为意识到了这一点，我才决定创办满尾诊疗中心。

　　2002年至今，我向共计4,000余名患者提出了各种建议，以帮助他们增强免疫力，过上健康、长寿的生活。

　　我的大部分建议都与饮食有关。我以在美国哈佛大学学到的知识为基础，结合不断出现的最新研究成果，提出了许多适合现代人的饮食建议。

提高运动质量和睡眠质量、减少身体压力和精神压力、治疗慢性疾病等都是能使患者恢复健康的方法，但实行上述所有方法的前提是患者采取正确的饮食方式。

我会根据每位患者的情况提出具体的建议，例如应该吃哪些食物、应该在什么时间进食。但是，在我向每位患者提出的建议中，有两个部分的内容是相同的：一是每个人都应该多吃的食物，也就是下文中"一定要吃的10种食物"；二是每个人都应该知道的饮食方式，也就是下文中"身体喜欢的5种饮食方式"。

我将在本章中对上述两点进行解释。我会尽可能地总结哪些食物是一定要吃的，而非简单地告诉你"这个可以吃，那个也可以吃"。

你不必顿顿都吃这些食物，你可以先从中挑选你喜欢的食物，再逐渐尝试其他食物。即使只做到这些，你也能踏踏实实地积累足够的"健康资产"。

一定要吃的 10 种食物

纳豆

纳豆是富含多种必需营养素的"超级美食"，它价格低廉、味道可口、对身体有益。我每天都会吃一盒纳豆。

2020年1月29日，《英国医学期刊》（*British Medical Journal*）刊登了一篇来自日本国立癌症研究中心的研究论文，其内容和结论耐人寻味。

撰写这篇论文的研究人员在1995年和1998年对共计约9万名45~74岁、没有心血管疾病史的男女（分别来自日本10个都、府、县）的饮食情况进行了为期15年的跟踪调查。

研究结论是吃纳豆能减小因患心血管疾病而死亡的概率。

研究人员将研究对象平均分为5组，每组每天食用纳豆的量递减。研究发现，每天食用25 g（半盒左右）纳豆的一组与完全不吃纳豆的一组相比，因心血管疾病死亡的概率小20%。研究中没有体现明显的性别差异。

纳豆是日本人心目中的"超级美食"。纳豆富含现代人普遍缺乏的3种营养素——维生素D、镁和锌，还含有能提高骨密度的维生素K。纳豆特有的纳豆激酶具有溶解血栓、改善血液循环、预防心肌梗死和脑梗死的作用。而且，研究结果表明，纳豆具有调节肠道菌群平衡的作用。

请你抛弃"纳豆应该拌米饭吃"的固有观念，因为我在第三章中提到过，不能吃太多米饭。可与纳豆搭配食用的食物非常多：油豆腐包、青菜、蛋包饭等。总而言之，请你尝试各种各样的吃法。

无论在什么季节，纳豆都是家中应该常备的美食。

鸡蛋

鸡蛋是有益健康的食物，含有全部8种必需氨基酸，含量较高且比例恰当。鸡蛋还含有多种维生素和矿物质，鸡蛋中的卵磷脂是构成细胞膜不可或缺的脂质。我建议你每天吃1个鸡蛋。

但是很多中老年女性不吃鸡蛋，因为有一种说法广为流传：吃鸡蛋会让血胆固醇水平升高。

上述说法来源于一位俄罗斯学者曾经发表的一篇报告。报告显示，兔子吃过鸡蛋后，血胆固醇水平升高，以致动脉粥样硬化程度加深。但这个研究是不够严谨的，因为这些兔子在此之前从来没有吃过鸡蛋。

兔子是草食动物，给它们喂动物性食物后，它们的身体很容易出现异常，因此该结论不一定适用于人类。

实际上，吃鸡蛋不会让血胆固醇水平升高。我认识的一位美国医生说，连续两周每天吃两个鸡蛋后，他的血胆固醇水平降低了。

人体内85%的胆固醇是由肝脏合成的，它们的水平几乎不受饮食的影响。而且，血胆固醇水平高本来就不需要担心。

胆固醇是合成维生素D和激素的原料，在维持人体健康方面起着重要的作用。"血胆固醇水平越低越好"这个观点早就过时了。关于这一点我将在第五章中详细说明。

我建议你吃鸡蛋时不要过度加热蛋黄，比起煎蛋卷和煎蛋饼，温泉蛋等半熟蛋更易消化和吸收，注意，要选用无菌蛋。

深绿色蔬菜

正值盛年的男性尤其应该多吃深绿色蔬菜。但不论你的年龄、性别，我都建议你多吃菠菜、茼蒿、西蓝花、羽衣甘蓝、小松菜等富含镁的深绿色蔬菜。

另外，我建议你少吃土豆、红薯和南瓜等淀粉含量高的蔬菜。你必须意识到，这些蔬菜的含糖量比叶菜类蔬菜的高得多。

进一步来说，我建议你吃在优质土壤中培育出来的蔬菜。

你看过图4-1就会明白，自1914年起，在人们常吃的蔬菜中，钙、镁等矿物质的含量在逐渐降低。

20世纪40年代，为了大幅提高蔬菜产量，人们开始大量使用化学农药和肥料。

使用化学农药和肥料可以使蔬菜产量大幅提高，但化学物质会导致土壤变质、矿物质大量流失。

在不同的土壤中培育的菠菜，营养素含量有所不同。举例来说，与优质土壤中培育的有机菠菜相比，普通土壤中培育的菠菜营养素含量较低，要想摄入和有机菠菜同样多的营养素，就要食用大量普通菠菜。但是，大量食用普通菠菜，其中的农药在人体内蓄积，会对人体造成伤害。

水培蔬菜也是如此。超市里摆放着各种各样的水培蔬菜，它们生长在水培箱中，依靠营养液生长。当然，水培蔬菜也有优点。它们在种植过程中几乎不需要喷洒农药以防虫蛀，而且，人们食用这种蔬菜摄入的营养素可以满足身体的最低需求。

但是，离开了土壤，蔬菜中的矿物质无论如何都会变少。很多人食用这样的蔬菜，却错误地认为自己摄入的矿物质足够多，这真是太危险了。因此，我希望你选择在优质土壤中汲取了丰富的矿物质的有机深绿色蔬菜。

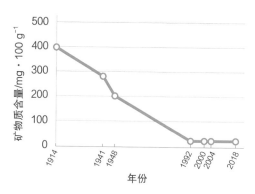

图4-1 人们常吃的蔬菜（白菜、生菜、西红柿、菠菜等）
的钙、镁等矿物质含量的变化

[数据来源：Nutrients.2018 Sep;10(9):1202.]

青背鱼

要想保持较强的免疫力、获得健康的体魄，就必须摄入优质蛋白质。但是，很多人已经产生了误解，认为"蛋白质只能从肉类中获取"。

请注意，过量食用肉类会导致体内一种容易引发炎症的脂肪酸——花生四烯酸——的水平提高。如果你体内出现慢性炎症，你却没发现，那就太危险了，严重的慢性炎症甚至会引发癌症及阿尔茨海默病等多种疾病。

既然吃肉要适量，那就多吃鱼来弥补蛋白质摄入量的不足吧。一半时间吃鱼，另一半时间吃鸡肉、鸡蛋或豆类来摄入蛋白质就是不错的选择。

不过，我在第三章中提到过，金枪鱼等体型较大的洄游鱼体内蓄积了汞等重金属，因此不要多吃。

我建议你多吃沙丁鱼、竹筴鱼和青花鱼等小型青背鱼。它们富含优质蛋白质、维生素D和能有效抑制炎症的二十碳五烯酸（EPA）。

EPA容易氧化，因此食用新鲜的青背鱼刺身是最理想的选择。制成罐头也可以保留足量的EPA，因此水浸青花鱼罐头等食品也是不错的选择。

除了青背鱼，我还推荐三文鱼。请你尽可能地选择野生三文鱼。美国的医生常说"要吃阿拉斯加州的三文鱼"，因为美国阿拉斯加州禁止养殖三文鱼，市面上出售的都是优质的野生三文鱼。青背鱼和三文鱼都富含维生素D。我在前文中提到过，维生素D与免疫力息息相关。

你如果觉得鱼类处理起来很麻烦，可以在买鱼时请工作人员帮你处理。但是话说回来，在超市或购物网站可以买到各种便宜又好用的厨房实用小工具，你可以充分利用这些小工具，烹制各种各样的鱼类菜肴。让我们一起吃更多的鱼吧。

山药

山药富含可以补充精力、预防衰老的DHEA。我在第一章中提到过，DHEA是雄激素和雌激素的前体。

人体内DHEA的水平会在20多岁时达到巅峰，然后渐渐下降，70多岁时人体内DHEA的水平只有20多岁时的20%。

研究结果表明，DHEA有预防衰老、预防心脏疾病的功效，在构建骨骼的过程中发挥着重要的作用，因此你要关注饮食中DHEA的含量，尽量不让体内DHEA的水平下降。

满尾诊疗中心使用的DHEA补充剂，其原料就是从山药中提取的。

山药有补充精力的作用。吃山药可以增强免疫力、缓解疲劳、增强体质，因为山药中的薯蓣皂苷元（diosgenin）能够提高人体内DHEA的水平。

但是，和纳豆一样，很多人将山药碾成糊拌米饭吃，由于吃太多米饭会导致糖摄入过量，所以请你尝试其他做法，比如将山药碾成糊浇在豆腐上、烤制山药脆片或者用海苔裹住山药烤着吃。

不仅是山药，芋头、菊芋、京都芋头也有同样的功效。

我在第一章中提到过，DHEA会在人体内转化成雄激素。雄激素是人的活力来源，不仅男性需要它，对女性而言它也是必需的。

你如果容易疲劳，就多吃山药等食物来补充精力吧。

坚果

美国一项有趣的研究发现了坚果对健康的影响。

这项研究将大约14,000名19岁以上的人分成两组，一组每天吃7 g坚果，另一组不吃坚果，一段时间后将两组研究对象进行对比。这项研究使用的坚果有杏仁、巴西坚果、腰果、榛子、澳洲坚果、碧根果、松子、开心果和核桃共9种。

结果，吃坚果的一组人的身体各项数据更好。他们的体重指数（BMI）、动脉收缩压、胰岛素抵抗指数一律更低；另一方面，他们体内高密度脂蛋白的水平更高。

上述研究结果表明，吃坚果可以预防心脏疾病。

西班牙的研究人员以糖尿病高危人群为研究对象，进行了为期4个月的有关细胞寿命的研究。研究结果表明，经常吃开心果的人身体的各项数据更好，吃开心果不仅可以预防糖尿病，还能延长细胞寿命。

我认为，这是因为坚果富含对人体有益的脂肪酸、膳食纤维、钙、钾、镁以及叶酸等重要的营养素。

成人一只手能抓起来的坚果分量约为7 g。有点儿饿的时候，不妨吃一把坚果；当然，坚果也是不错的下酒菜。

但是，市面上有些混合坚果在加工过程中使用了大量盐和氧化的劣质油。因此，请你尽可能地选择高品质坚果。

顺带一提，这里所说的坚果是树木的果实，而花生属于豆类，不属于坚果。

椰子油

对保持身体健康而言，摄入优质食用油非常重要。

说到优质食用油，我最先想到的就是橄榄油，当然，亚麻籽油也不错。在我家的餐桌上，橄榄油是不可或缺的。但是，这些在常温下呈液态的油都容易氧化，且不耐热，所以最好浇在沙拉上或淋在菜上生吃。

我推荐的另一种油是椰子油。椰子油富含饱和脂肪酸，在常温下是白色的固体。

饱和脂肪酸大多存在于猪油、牛油等动物油中，因为是固体，所以不易氧化。而橄榄油、亚麻籽油、芝麻油等植物油在常温下呈液态，是不饱和脂肪酸，这些油容易氧化。

椰子油虽然是从植物中提取的，却含不易氧化的饱和脂肪酸，而且其中能有效抑制炎症的中链脂肪酸的比例高达60%以上。人体各处都有可能出现炎症，如果能抑制血管的炎症，就能预防动脉粥样硬化和心脏疾病。另外，和其他脂肪酸不同，中链脂肪酸能被小肠快速吸收，生成酮体，为大脑神经细胞提供能量。

实际上，有研究报告证实食用椰子油能减轻认知障碍，可以说，椰子油能激发大脑活性。

要注意的是，有些廉价椰子油经过高温处理，含有对身体有害的反式脂肪酸。购买时请选择低温压榨的、注明"特级初榨"的优质椰子油。

你如果喜欢椰子油的独特香气，可以在喝咖啡时加1茶匙椰子油。我就经常这样做。

海藻类食物

很多人都知道海藻类食物富含膳食纤维，也知道膳食纤维对改善肠道环境而言非常重要。

蔬菜同样富含膳食纤维，但它们大多含不可溶性膳食纤维；而裙带菜、海带、海蕴等海藻类食物富含可溶性膳食纤维。不可溶性膳食纤维的主要作用是减少排泄物在肠道停留的时间和增加粪便的体积，以达到润肠通便的效果；而可溶性膳食纤维能作为肠道菌群的养料。

通过均衡摄入不可溶性膳食纤维和可溶性膳食纤维，能够让肠道环境逐渐接近理想状态。

另外，海藻类食物几乎没有热量，非常适合减肥人士。

我们这些医疗专业人士在看待海藻类食物时，关注的不是它富含膳食纤维，也不是它热量低的优点，而是它较高的碘含量。

碘是合成甲状腺激素的主要原料，是维持人体健康不可或缺的营养素。碘还有增强免疫力的作用。有人指出，在这次新冠肺炎疫情中，亚洲各国受到的影响比欧美各国的更少的原因之一是亚洲人吃的海藻类食物更多。

但要注意，过量摄入碘会导致甲状腺功能异常。曾经，对海带的健康功效的夸张宣传导致很多人因大量吃海带而过量摄入碘，从而患上甲状腺疾病。

可以说，人体对碘非常敏感，因此人体内的碘不能过少也不能过多。适量食用海藻类食物非常重要，你可以尝试海藻类食物的多种吃法，如在味噌汤里放一些裙带菜。

其他发酵食品

世界上有各种各样的发酵食品，很久以前，人们就经常吃发酵食品以保持健康。纳豆就是最具代表性的发酵食品，除此之外，还有1,000多种发酵食品供你选择。

发酵需要霉菌、酵母菌、细菌等微生物。纳豆菌属于细菌。

发酵和腐败都是细菌为食物带来的变化，发酵对人而言有益，腐败对人而言有害。

所谓有益，指能够突出食物的风味、延长食物的保质期、有助于人体消化和吸收营养素、改善肠道环境以及增强人的免疫力等。

提到发酵食品，有人会立即想到酸奶。不过，我会在后面说明，与酸奶的原料——牛奶的安全性相关的内容。

我建议你在烹饪时充分利用味噌、醋等发酵调味品，以及米糠腌菜、泡菜等发酵菜。

旅行时，品尝当地的特色发酵食品是个不错的选择。例如以发酵的鱼为主要原料做的"腌鱼寿司"，日本不同地区的寿司店会使用不同的鱼，如鲫鱼、青花鱼、香鱼等，它们的味道各有特点。

顺带一提，葡萄酒和日本清酒是很好的发酵饮品。

我喜欢喝日本清酒，其中最喜欢的是"醇酒"。加热时，酒中的酵母菌会死掉，酶也会失去活性；而在生酒中能喝到活的酵母菌，酶的活性也较强，而且生酒含有锌等营养素。

不仅要尽量喝生酒，而且所有发酵食品都要尽可能地生吃。

做味噌汤时，注意不要煮沸，这样做不仅能使汤的味道更鲜美，还能尽可能地让其中的酵母菌存活。

含植物化学物质的食物

最近，喜欢吃芝麻菜等有苦味的蔬菜的人越来越多，我认为这是好事。这些蔬菜中的苦味来源于"第八营养素"——植物化学物质。

植物化学物质是"植物拥有的化学物质"。植物无法凭借自身的力量移动，植物化学物质是它们为了防御天敌和紫外线制造出来的物质，有很强的抗氧化作用。

植物化学物质排在七大营养素——糖类（主要为碳水化合物）、蛋白质、脂类、维生素、矿物质、水、膳食纤维——之后，备受瞩目。多吃富含植物化学物质的食物可以增强免疫力、预防癌症和动脉粥样硬化等疾病。

第112页的表4-1展示了几种主要的植物化学物质及其作用。

你看到这张表就会明白，颜色是区分植物化学物质的标准之一。红色食物番茄含有番茄红素，辣椒含有辣椒素；黄色食物洋葱和黄甜椒含有黄酮类化合物；橙色食物南瓜和胡萝卜含有β-胡萝卜素等；绿色食物菠菜和小松菜含有叶绿素；紫色食物茄子和紫甘蓝含有花青素；黑色食物黑土豆和黑萝卜（牛蒡的根）含有绿原酸；白色食物大蒜含有二烯丙基硫化物（大蒜素），白萝卜含有异硫氰酸酯。

我建议你每天食用4种颜色不同的食物，以均衡地补充多种植物化学物质。

医学专业人士普遍认为水果皮中的植物化学物质较多，可以的话，水果最好带皮吃。

顺带一提，咖啡豆中的多酚也是植物化学物质，因此可以适量喝黑咖啡。至于零食，我建议你不要吃便利店卖的油炸食品，而选择以可可豆为原料制成的黑巧克力。

表4-1　主要的植物化学物质及其作用

颜色	植物化学物质	代表食物	作用
红色	番茄红素	番茄、西瓜	强抗氧化
	辣椒素	辣椒	强抗氧化、促进脂肪分解
黄色	黄酮类化合物	洋葱、黄甜椒	抗氧化、扩张血管
橙色	β-胡萝卜素、α-胡萝卜素、β-隐黄质	南瓜、胡萝卜	强抗氧化、保护皮肤和黏膜、预防癌症
绿色	叶绿素	菠菜、小松菜、茼蒿、卷心菜、抹茶	抗氧化、疏通血管
紫色	花青素	茄子、紫甘蓝、红紫苏叶	强抗氧化、预防白内障
黑色	绿原酸	黑土豆、黑米、黑萝卜、咖啡豆	抗氧化、促进脂肪分解
白色	二烯丙基硫化物（大蒜素）	大蒜、大葱	抗氧化、预防癌症
	异硫氰酸酯	西蓝花、卷心菜、白萝卜	抗氧化、疏通血管

* 水

为了保持新陈代谢正常，每天至少要喝1 L水。

人体由40万亿~60万亿个细胞组成。水是人体细胞的主要成分之一，被称为"生命之源"。成人体内约六成是水，这些水在人体内不断循环，将必需的营养素和氧气输送到细胞内，将不需要的代谢废物排出体外。

因此，必须补充足够的水分来保持健康。

饮水量不足会导致尿液过浓，甚至产生结晶体、形成尿路结石；还会导致尿液量减少、细菌在膀胱内大量繁殖，引发膀胱炎。除此之外，饮水量过少的人还容易患大肠癌、心肌梗死和脑梗死等疾病。

实际上，如果人体内的水分不足，那么尿液和粪便中的代谢废物就会滞留在体内，人体内能引发癌症等疾病的毒性物质的水平就会升高，血液也会变得更黏稠。

人体内水分不足还会阻碍镁的吸收，对原本就缺镁的现代人而言，这种不良影响可能造成严重的后果。

在炎热的夏天，为了避免中暑，必须补充足够的水分。注意，不能过分依赖软饮料，因为软饮料中有很多人体不需要的物质，而且软饮料的含糖量普遍较高。

因此，我建议你多喝优质矿泉水。

成年男性每天要消耗大约2 L水。考虑到饮食中有水分，因此每天应喝1 L左右的矿泉水。天气炎热时，最好多喝一些水。

顺带一提，很多人会用自来水泡茶、制作咖啡，以及做饭，在这种情况下，安装净水器是很有必要的。

实际上，自来水在进入每家每户之前，自来水公司会加氯来消灭其中的微生物。但是，氯与自来水中原本就有的腐殖酸反应，会生成三氯甲烷等致癌物。

而且，尽管自来水公司的水符合生活饮用水卫生标准，但是流经长长的供水管道后，很可能混入各种各样的有害物质。

身体喜欢的5种饮食方式

等到饥饿感强烈时再进食

有人说："空腹是最好的调味品。"确实，空腹时人的味觉更灵敏，而且保持空腹对健康而言有很多好处。

但是，现代人大多在不饿时就会吃东西，这样做会对人体造成一定程度的损伤。空腹时，无法获取营养物质的细胞会进行名为"自噬"（Autophagy）的"内部大扫除"——清扫细胞内陈旧的酶和多余的蛋白质，并排出人体内的毒素。因此，如果经常在不饿时吃东西，细胞内多余的物质就会不断蓄积。

而且，在不饿时吃东西会影响激素的分泌。

人体内有两种分别调节人的饥饿感和饱腹感的激素——胃饥饿素和瘦素。胃饥饿素能激发人的食欲，瘦素能抑制人的食欲、增加饱腹感。饥饿素和瘦素通过拮抗作用调节彼此的水平，影响人的摄食行为。只要瘦素能正常分泌，人就不会过量饮食，但很多人的身体达不到这一状态。

没有饥饿感时，人体只会分泌少量胃饥饿素。如果此时吃东西，瘦素就无法正常分泌，人无法得到与所吃食物的量相匹配的饱腹感，不知不觉就会过量饮食，结果因为吃得太多而发胖。

对任何生物而言，在饥饿感不强烈时进食都是不健康、不可取的。

狮子等野生动物饥饿时会拼命寻找猎物，吃饱后就不会再进食了，所以很少有肥胖的野生狮子。

2020年6月，日本理化学研究所发表了一项有趣的研究结果。研究人员让吃饱的鱼和空腹的鱼抢夺食物，结果空腹的鱼获胜。虽然吃饱的鱼充满力量，但空腹的鱼在饥饿感的刺激下拥有更强的战斗意志。

总而言之，鱼吃饱后会变得懒惰。人类也一样，在饥饿感强烈的情况下，人的神经灵敏度最高、活力最强。实际上，研究结果表明，空腹时，人体内的"长寿因子"脱乙酰酶更活跃。

为了健康和长寿，请你等到饥饿感强烈时再进食。

遵循人体的"饮食日程"，合理安排饮食

说到底，你每天应该吃多少食物呢？

以办公室男职员为例，每天必须摄入1,800千卡热量。按照每天吃3顿饭来算，1,800千卡应该怎样分配呢？很少有人会每顿饭摄入同样的热量（600千卡）。实际

上，在大多数情况下，晚餐的热量比早餐和午餐的热量高得多。但是，这并不健康。

我认为，你应该遵循人体的"饮食日程"，合理安排饮食。

我将人体的"饮食日程"分为3个阶段。

·4:00~12:00为"排泄"时间；

·12:00~20:00为"消化"时间；

·20:00~次日4:00为"吸收"时间。

在此基础上，遵守"早晚吃少，中午吃饱"的原则。

很多人认为"早餐是一天中的第一顿饭，是很重要的，一定要吃饱"，其实人体在上午以排泄为主，还没有做好消化食物的准备。如果吃得太多，原本用来排泄的能量就会用在消化上，给肠胃增加负担。

起床后，应该先排便，然后吃些清淡的食物。

早上要吃得简单，而中午一定要吃饱、吃好。

下午是一天中消化能力最强的时间段，也就是人体的"消化"时间。即使吃得多也没那么容易发胖，因为此时人体非常需要热量。

我在前文中提到过，大多数人将一天的饮食重点放在晚餐上。其实晚餐和早餐一样，应该简单、清淡。晚上是人体的"吸收"（吸收营养素和热量）时间。如果晚上吃得太多，直到第二天早上胃里可能还有未消化的食物，长此以往人就会发胖。

晚餐要少吃，并且睡觉前2~3小时就应该停止进食。坚持这样做，你就会越来越健康。

每顿饭都要有菜肴和汤。当然，你可以选择的食物非常多，只要选择合适的主食、主菜、配菜和汤，就能均衡摄入各种营养素。也就是说，你的一顿饭中不能只有咖喱饭或意大利面等主食。

　　我根据人体的"饮食日程"推荐了一些食物（详见第119页图4-2），供你参考。

　　你如果希望早餐吃得清淡，可以吃米饭（有机糙米饭为最佳）、煎蛋、纳豆、泡菜等食物，再喝一碗加了豆腐和裙带菜的味噌汤，以满足身体对糖类和蛋白质的需求。

　　你如果选择西式早餐，可以吃全麦面包、煮鸡蛋、水果沙拉，再喝一碗蔬菜汤。

　　午餐要吃饱、吃好，因此午餐的营养素比例与早餐的不同。午餐应以富含蛋白质的食物为主，适量摄入脂类、糖类和膳食纤维。

　　为了摄入优质蛋白质，吃生鱼片或水煮鱼片是不错的选择。再加上米饭、味噌汤，以及凉拌青菜和凉拌羊栖菜，午餐的营养就足够了。

　　你如果想吃西式午餐，可以尝试用肉类菜肴搭配全麦面包、蔬菜汤和水果沙拉。注意，应尽可能地选择各种各样的配菜。

　　晚餐应以富含蛋白质和膳食纤维的食物为主，控制脂类和糖类的摄入量。

　　吃晚餐时摄入膳食纤维，改善肠道环境的效果更明显——第二天早晨排便会非常通畅。消化脂肪所需的时间较长，晚上摄入过多脂肪会导致睡眠质量变差。另外，晚上是"吸收"时间，最好少摄入或不摄入糖类。

而且，因为晚餐的整体分量应该比午餐的少，所以我建议你将各种食材做成火锅，用丰富的味道来弥补食物分量不足造成的味觉上的不满足。

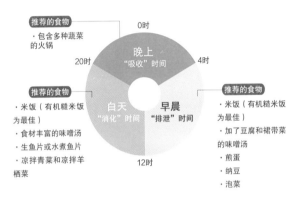

图4-2　根据人体的"饮食日程"推荐的食物

注意进食顺序

假设你现在要去心仪的饭店吃午餐，按照本书的建议点了生鱼片或水煮鱼片套餐：生鱼片或水煮鱼片搭配米饭、紫菜味噌汤，再加上醋腌裙带菜和萝卜干，那么，总体上看，营养均衡，非常不错。

但是，你要注意，如果进食顺序不对，即使吃健康食物，也可能对身体造成危害。

面对这样一份套餐，很多人会先吃鱼片和米饭。特别是男性，我经常看到他们先大口吃米饭填饱肚子，再愁眉苦脸地吃掉不喜欢的蔬菜。

然而，这样的进食顺序是不对的。

以上述套餐为例，请先吃醋腌裙带菜和萝卜干，因为米饭和面食等富含碳水化合物的食物会让血糖水平急剧上升。

血糖水平急剧上升后，胰腺会分泌胰岛素来使血糖水平恢复正常。虽然这是人体正常的生理过程，但是胰岛素分泌过量会加速衰老，对人体而言是有害的。也就是说，你最好不要遵循会让血糖水平急剧上升、导致胰腺大量分泌胰岛素的进食顺序。

空腹时，先吃一些醋腌裙带菜和萝卜干来摄入膳食纤维，再吃米饭等主食来摄入糖类，血糖水平的上升速度就不会过快，胰岛素也不会过量分泌。

进食顺序不同的人，即使吃的是一模一样的食物，健康状况也是不同的。

正确的进食顺序是：首先喝富含膳食纤维的紫菜味噌汤，其次吃富含蛋白质的鱼片，最后吃主食。

现在，你应该明白进食顺序的重要性了。

以"生食"为佳

我非常推荐"生食"，基本上任何食物都无须加热，生吃是最好的。

当然，猪肉和淡水鱼中可能有寄生虫，不可生吃。"生食"仅适用于可以生吃的食物。

新鲜的食物中有各种各样的酶，而加热会破坏酶的空间结构，导致酶失去活性。生吃能保留酶的活性，有助于人体消化食物。

人体需要较长的时间来消化加热后的食物。例如牛排，与半熟牛排相比，全熟牛排对消化道造成的负担更大，因为消化道消化全熟牛排需要的时间更长。另外，消化时间越长，消耗的消化酶就越多。

因此，考虑到消化道的负担，应尽可能地不加热食物，生吃为好。

而且，经过高温烹饪，食物中会产生AGEs。AGEs不仅会导致糖尿病，还会导致血管、内脏、皮肤甚至全身各个部位的衰老以及功能下降（详见第五章）。

当食物被烤成褐色或炸成深黄色时，AGEs的含量更高。因此，在食物不能生吃的情况下，应尽可能地选择蒸和煮，而非炸和烤。

举例来说，把香鱼做成生鱼片几乎不会产生AGEs，但做成炸香鱼的话，AGEs会大幅增加；涮猪肉所含的AGEs比生猪肉的多，但是比生姜烧肉和炸猪排的少；蔬菜焯过再凉拌，比生的蔬菜沙拉口感好，这是优点，但加热后蔬菜中宝贵的维生素会大量流失。

因此，请你尽可能地生吃食物，以最大限度地摄入食物中的营养素。

少吃精制面食

我在第三章中介绍了过量摄入糖类的危害。最近，控制糖类的摄入量的人越来越多。过量食用富含碳水化合物的米饭、面包、面条等的人更容易患糖尿病等疾病，因此控制糖类的摄入量有助于健康。

不过，这里的控制指"适当控制"。为了维持免疫力，人体需要一定量的糖类。重要的是你应该通过吃哪些食物来摄入糖类。吃的食物不同，你的健康状况就会有所不同。

我不建议你吃白米饭和用精制面粉做的面包等精制面食。

作为这些精制面食的原料的稻米和小麦，其中的维生素、矿物质和膳食纤维等营养素在加工过程中所剩无几，剩下的几乎全是糖类，所以这些食物也被称为"无营养热量食物"。

"无营养热量"的意思是虽然热量较高，但营养素含量非常低。吃下这样的食物后血糖水平会急剧上升，长期吃这些食物会导致人发胖，甚至陷入营养失衡的状态。

你如果营养失衡，大脑就会发出命令，要求你"吃更多食物"，导致你摄入更多糖分。这种恶性循环会让你的免疫力不断下降。

我在前文中提到过，为了让急剧上升的血糖水平恢复正常，胰岛素的分泌量会增加，从而加速人体衰老。另外，餐后血糖水平大幅上升容易引起糖尿病。而且，为了分解糖分，人体会消耗大量维生素B。

可怕的是，仅仅是血糖水平上升，人并不会产生明显的感觉，人会在不知不觉中吃很多食物，导致健康状况不断变差。

尽量不吃白米饭和白面包等精制面食，而选择糙米、粗粮米（如小米、玉米、红米、紫米和黑米）、全麦面包及全麦面条等，因为后者中的维生素、矿物质和膳食纤维被原封不动地保留了下来。

另外，请将食品的血糖指数（Glycemic Index，GI）作为参考指标。GI是某种食品升高血糖的效应与葡萄糖升高血糖的效应之比，代表某种食品引起血糖升高的能力。

第124页的表4-2列出了多种常见食品的GI。

你不仅要限制精制面食的食用量，还要注意土豆等淀粉含量极高的根茎类蔬菜和仙贝等膨化食品的食用量。

"适当控制糖类的摄入量，尽量吃天然食品"已经成为很多健康意识强的人的共识。

你如果按照"一定要吃的食物"和"身体喜欢的饮食方式"中的内容改善自己的饮食习惯，不仅能预防疾病和衰老，还能切实感受到健康状况的改善。

请你认真考虑，并进行正确的投资以切实增加自己的"健康资产"。

表4-2　常见食品的GI（设葡萄糖的GI为100）

主食	GI	水果及水果制品	GI
白面包	75	西瓜	76
全麦面包	74	菠萝	59
白米饭	73	香蕉	51
糙米饭	68	鲜榨橙汁	50
乌冬面	55	草莓酱	49
杂粮面包	53	橙子	43
印度薄饼	52	鲜榨苹果汁	41
甜玉米	52	苹果	36
意大利面	49		
大麦	28		

蔬菜及蔬菜制品	GI	乳制品及乳制品替代品	GI
土豆（煮）	78	冰激凌	51
南瓜（煮）	64	酸奶	41
红薯（煮）	63	牛奶	39
蔬菜汤	48	豆奶	34
胡萝卜（煮）	39		

零食	GI	糖类	GI
仙贝	87	葡萄糖	103
爆米花	65	蔗糖	65
薯片	56	蜂蜜	61
黑巧克力	40	果糖	15

（数据来源：Fiona S.Atkinson,Kaye-Powell,and Jennie C.Brand-Miller in the December 2008 issue of Diabetes Care,Vol.31,number 12,pages2281-2283）

第五章

健康新常识

人体老化的三个元凶：
氧化、糖化和激素失调

有些新冠肺炎患者的症状会在一瞬间恶化，夺走患者的生命；也有相当一部分人即使感染了新冠病毒也不会出现任何症状。

无症状感染者和轻症患者绝大部分是年轻人，年龄越大越容易成为重症患者，这是新冠肺炎的一大特征。

实际上，对老人而言，不仅是新冠肺炎，任何疾病都更容易恶化。

那么，人是从什么时候开始衰老的呢?

人的衰老是从20多岁开始的，衰老的速度会随着时间的流逝而加快。当然，每个人的生活方式不同，因此衰老的速度有所不同。

同样是60岁的人，有的人看起来只有40多岁，但有的人看上去完全是个身体虚弱的老人。

衰老是随着年龄的增长而无法阻止的，是生理性的自然现象。但是，衰老可以通过改善饮食方式和生活习惯来延缓。引发衰老的主要原因有以下3个（详见图

5-1）。

①活性氧导致的氧化损伤；

②蛋白质的糖化；

③激素失调。

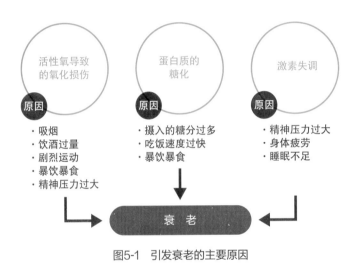

图5-1　引发衰老的主要原因

氧化损伤和糖化会加速衰老

氧化损伤就是人体被"锈蚀"的过程。

自行车放在室外，生锈的速度比放在室内的更快。这是因为室外风吹雨淋，铁更容易氧化。铁氧化后硬度下降，导致自行车原本紧密的结构变得松散，发出嘎吱嘎吱的声音，不能正常使用。

人体内也会发生类似的情况。

饮食习惯不佳和精神压力过大会导致人体内产生过多的氧的单电子还原产物——活性氧。活性氧化学性质活泼，它为了让自己安静下来，会从其他细胞中抽取电子，破坏细胞内生命物质的化学结构，干扰细胞功能，导致细胞、组织甚至器官衰老，对人体造成各种损害。这个过程就是氧化损伤，也就是人体被"锈蚀"的过程。

以下5个习惯会导致人体内的活性氧大量出现。

① 吸烟；

② 饮酒过量；

③ 剧烈运动；

④ 暴饮暴食；

⑤ 精神压力过大。

很多人都知道吸烟、饮酒过量、暴饮暴食和精神压力过大对身体不好。实际上，剧烈运动也不利于身体健康。

不过不必担心，你可以通过积极摄入植物化学物质等抗氧化物质来清除体内多余的活性氧。

体内蛋白质的糖化可以理解为身体的"焦化"。 这种现象是由细胞内的蛋白质与糖结合引起的。

蛋白质呈三维立体结构，有各种各样的功能。但是，当人体内多余的糖与蛋白质结合时，蛋白质的结构和功能就会发生变化，生成前文中提到过的AGEs。蛋白质的代谢过程可能因此受到阻碍，甚至影响细胞本身的结构和功能。

例如，皮肤上的皱纹就是蛋白质糖化产生的AGEs不断积累引起的一种"焦化"现象。

不要忘记，人体内有各种各样的酶，它们发挥着调节身体功能的作用，而蛋白质是酶的重要组成部分。

我在第三章中提到过要适当控制糖的摄入量的原因是，大量摄入糖后，人体内产生相应数量的AGEs，加快全身各个部位的衰老。

为了预防蛋白质的糖化，你至少要做到以下两点。

① 少吃含糖量高的食物。甜食和软饮料等自不必说，精制谷物和薯类也不能多吃。

② 吃饭时细嚼慢咽。进食过快会导致血糖水平急剧上升，促进蛋白质糖化。而且，如果进食过快，明明吃下去的食物已经足够了，但饱食信号还未到达大脑的饱食中枢，人就会在不知道自己已经吃饱的情况下继续进食。因此，请你细嚼慢咽，吃一顿饭至少要花20分钟。

无论如何，氧化和糖化可以说是加速衰老的"两员大将"。话虽如此，但是人活着就需要氧气，而且糖是人体最重要的供能物质。也就是说，人只要活着，衰老就不可避免。

一个人延缓衰老的意识的强弱会影响其衰老的速度，请你树立正确的意识，改善自己的饮食方式。

激素失调会加速衰老

我在第一章中已经介绍了脱氢表雄酮（DHEA）以及雄激素的重要性。

在本节中，我会介绍在不同的年龄段和时间段，人体内DHEA水平的差异，以及如今正值盛年的一代人体内DHEA的水平处于多么危急的状态中。

现在我们来看看在不同的年龄段，人体内DHEA的水平。

无论男女，DHEA的水平都会在20岁左右达到峰值，然后随着年龄的增长而逐渐下降。但是，男性和女性的DHEA水平下降的情况不同。随着年龄的增长，女性体内的DHEA水平始终缓慢地下降；而男性体内的DHEA水平一开始缓慢地下降，到了35岁就会急剧下降（详见图5-2）。

我认为，发生这种情况最主要的原因是男性到了35岁精神压力突然增大。

人在精神压力过大的情况下会分泌大量压力激素，而合成压力激素的原料是胆固醇。DHEA同样是以胆固醇为原料合成的，所以精神压力过大会导致合成DHEA的原料不足。

DHEA水平下降会造成以下3种不良影响。

① 肌肉数量减少、肌肉力量减弱；

② 免疫力降低；

③ 失去热情和干劲。

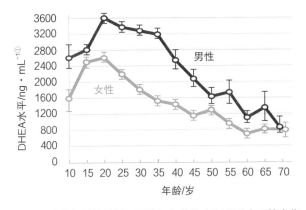

图5-2 随着年龄的增长，男性和女性体内DHEA水平的变化

（数据来源：Finch and Mobbs，in Biological Markers of Aging 1982 p30-41）

这3种不良影响对正值盛年的人而言都是致命的。保证睡眠充足，以及减轻精神压力是非常重要的。另外，我在第四章中提到过，你最好多吃山药等食物。总而言之，激素种类繁多，而人体正是在各种各样的激素的复杂作用下保持健康、维持免疫力的。

例如，为了降低血糖水平，胰腺会分泌胰岛素；而在精神紧张的情况下，肾上腺皮质会分泌一种名为皮质醇的激素，皮质醇是人体不可或缺的激素，有抗炎、抗休克等作用，能保护人的生命安全，但是皮质醇过度分泌会抑制DHEA的合成，还会导致血糖水平升高。

① 本书中使用的ng/mL（即ng·mL⁻¹）不是法定计量单位，DHEA水平的换算公式为1 ng/mL = 3.47 nmol/L。——编者注

另外，生长激素对永葆青春而言非常重要，但是其分泌量会随着年龄和体重的增长而逐渐减少。生长激素的水平与睡眠息息相关，人进入深度睡眠状态后，体内会分泌大量生长激素。另外，对提高睡眠质量而言，褪黑素是不可或缺的。

　　除了上述几种激素，人体内还有很多种激素，它们相互配合、共同发挥作用。但是现代人普遍精神压力过大，在这种情况下，体内的激素很容易失调，导致各种健康问题出现。

血压和胆固醇：
变化重于数值

越来越多的人从50岁开始，体检时发现自己的血压水平和胆固醇水平过高。人们经常听到一种可怕的说法：胆固醇水平和血压水平高的人更容易患心脏疾病和脑部疾病等会危及生命的疾病。

但是，这两项指标参考的健康标准早就过时了。虽然有不少人因为胆固醇水平和血压水平过高而受到警告，但我认为这些过时的健康标准完全没有参考价值。

现在有很多有关胆固醇的研究。过去，人们将低密度脂蛋白和高密度脂蛋白分别当成"坏胆固醇"和"好胆固醇"，认为低密度脂蛋白的水平越低越好，一旦它升高，有些人甚至会吃药让它下降。

但是，这件事似乎没那么简单。

研究结果表明，心肌梗死等心血管疾病的直接成因不是低密度脂蛋白水平过高，而是局部心肌组织的炎症反应造成的管腔狭窄和心肌供血不足。低密度脂蛋白水平上升是为了消除炎症、修复心肌组织。可以说低密脂蛋白是修复心肌组织的必需物质，因此用药物降低低密度脂蛋白水平是非常危险的行为。

那么血压水平呢？高血压的诊断标准经过了多次调整，一次比一次更加严格。于是，每次调整都会导致很多人被诊断为高血压，从而使降压药大卖。

根据世界卫生组织和美国心脏学会的最新标准，收缩压高于130 mmHg就会被判定为高血压。我认为这个标准过于严格，将收缩压正常水平的上限定为"年龄+90 mmHg"比较合适。例如，60岁的人收缩压达到150 mmHg是没问题的。

勉强用药物将并不算高的血压降低，会发生什么呢？血液的流动速度会减慢。当然，流经大脑的血液也会减少，这对大脑的健康非常不利。

高血压的诊断标准变得严格，吃降压药的人就会增加，这样一来，脑出血的患者确实有所减少，但脑梗死的患者却增加了，因为吃降压药会导致大脑中的血液流动不畅，血管反而容易堵塞。

另外，大脑中的血流速度减慢会导致视力下降，还会导致人的思维能力下降、反应迟钝。我认为，血压略高于正常水平的人看起来更有活力、更年轻。

当然，血压过高会导致各种各样的疾病，一旦收缩压超过180 mmHg就不能置之不理了。

从这个角度上说，在家测量血压也是一种好习惯。

早上起床排便后，以及晚上睡觉前是每天最理想的测量血压的两个时间。

一般情况下，大多数人在测量血压时会发现早上的血压水平更高，因为早上人开始一天的活动，交感神经兴奋，血压水平自然就会升高。但如今，在正值盛年的一代人中，很多人晚上的血压水平更高，因为他们白天工作压力大，到了晚上交感神经依然处于兴奋状态，副交感神经无法兴奋，血压水平也无法恢复正常。

如果测量血压时发现自己的血压大幅高于正常水平，人就会紧张，血压水平反而会更高；如果发现自己的血压只是比正常水平高了一点儿，人就会放松。因此，你不必按照过时的健康标准严格地控制自己的血压水平，否则你很容易精神紧张、手足无措。重要的是关注这些数据的变化。

请你认真地面对自己，不要被过时的健康标准误导。

毒物兴奋效应：
增强免疫力

最近，"肠道活动"一词逐渐普及。肠道环境会对健康产生很大的影响，据说人的肠道内有1~2 kg肠道细菌。它们不仅数量惊人，种类也很丰富。健康的人肠道内的细菌约有1,000种，总数约为100万亿个。

而且，研究结果表明，肠道细菌的编码基因数目超过人体自身基因数目的100倍。

有些人甚至认为人类不是依靠自己的意志进食的，而是在肠道细菌的驱使下进食的。

因此，如果肠道细菌的种类和数量能保持良好的平衡状态，人对食物的需求就能保持稳定、平衡。

那么如果这种平衡状态被打破会怎么样呢？会导致偏食。

嗜糖的人经常产生吃甜食的欲望，这可能是受到了肠道细菌不平衡的影响。

和人类社会中有各种各样的人一样，肠道内也有各种各样的细菌。然而不幸的是，研究证明，人类体内肠道细菌的种类正在急剧减少，甚至达到了"母亲肠道内有1,000种细菌、子女肠道内有100种细菌、而孙辈肠道内只有10种细菌"的程度。根据研究人员的说法，出现这种情况的其中一个原因是孙辈小时候大量使用抗生素。

一般来说，肠道细菌减少的最大原因是"清洁过度"。清洁是好事，可是清洁不等于杀菌和灭菌。

过去的社会环境不像现在这样能让细菌远离食物。过去，肉类、鱼类、蔬菜不会像现在这样包装好放在店里售卖，味噌等调味品也以散装零售为主。因此，过去的人在不知不觉中吃掉了各种各样的细菌，肠道细菌的种类也非常丰富。

但如今的食品加工流程非常烦琐，连食物中好的细菌都会被杀死，人们吃下了很多对身体有害的添加剂。

日本土壤学家横山和成表示，仅1 g土壤中就存在1万亿个细菌，而且土壤中的细菌减少后，培育植物的能力也会下降。

横山先生说："土壤环境和我们的肠道环境相似。"

优质土壤含有多种细菌，从优质土壤中获得营养素的蔬菜能茁壮成长。同样，小肠是吸收营养素的主要器官，如果肠道细菌的种类足够丰富，人就能保持健康。

另外一点我刚才已经提到，现代人过度依赖抗生素，这会对肠道细菌产生不好的影响（详见图5-3）。

抗生素能杀菌，自然能使肠道细菌的种类减少。而且，滥用抗生素会导致耐药菌的种类增加，从而提高治愈感染性疾病的难度。日本厚生劳动省提出指导性意见，要求医生不得随意给感冒患者开抗生素类药物。

如果将目光放到全世界，就会发现六七成的抗生素并不是人类消耗的，而是用在了畜牧业上。用含抗生素的饲料喂养牛、猪等牲畜，牛肉、猪肉等畜牧产品的产量会增加，所以很多牧场都会使用含抗生素的饲料。

长期食用这种残留着抗生素的畜牧产品，对身体造成的伤害不言而喻。

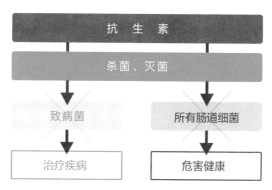

图5-3　抗生素的有利影响和不利影响

与肠道细菌共存

现代人普遍注重卫生，在种类繁多的清洁用品的广告的影响下，人们会觉得不仅厕所有很多细菌，沙发、地毯甚至洗餐具的海绵上都布满了细菌，如果放任不管就会导致严重的问题。

而且，很多注重仪表的人都对气味很敏感，如果有人吓唬他们"你身上好像有点儿臭"，他们就会非常不安。

于是，很多人一个劲儿地喷洒杀菌喷雾和除臭剂。我认为他们需要冷静下来，认真思考自己的状态。

当然，我们必须尽可能地杀灭新冠病毒这样的病原体。但是，很多肠道细菌是有积极作用的。因此，肠道内各种各样的细菌必须维持一定的平衡，这种平衡不能被破坏。

利用毒物兴奋效应增强免疫力

鸟取县的三朝温泉因附近长寿者多而闻名。人们认为，含有氡的三朝温泉能产生"毒物兴奋效应"。

毒物兴奋效应是低剂量致毒因素对身体产生的刺激作用。原本在高剂量的情况下对身体有害的物质，在低剂量的情况下能带来有益的效果。

秋田县的玉川温泉也是含有放射性元素的温泉，以可治愈癌症闻名。身体吸收这些温泉中微量的放射线，能增强免疫力。

你不能一味宠溺免疫力，而要给予它一定的刺激，让它时刻保持清醒，认真地工作。

有些食物同样能产生毒物兴奋效应。

具有刺激性气味或口感的芥末、辣椒、生姜、大蒜等就是其中的代表，大量食用这些食物会伤害肠胃。但是，如果在烹饪时少量添加它们，不仅能使菜肴的味道更鲜美，还能帮助肠胃消化食物，增强免疫力。

　　我们要充分利用毒物兴奋效应，绝不能从一个极端走向另一个极端。要提高认知水平，在合适的时机食用分量合适的刺激性食物。

疫苗：不要过度依赖

通过合理饮食增强免疫力

有些人会在流感高峰期到来之前注射流感疫苗。

疫苗是将病原体（如细菌、立克次体、病毒等）及其代谢产物，经过人工减毒、灭活或利用转基因等方法制成的用于预防传染病的自动免疫制剂。注射疫苗后，人体内就会产生抗体，人就不容易感染这种病原体了。

虽然都叫疫苗，但它们的目的和效果各不相同。

能预防结核病的卡介苗、能同时预防麻疹和风疹的麻疹-风疹二价疫苗只要接种一次就能长期生效，在群体免疫（群体中大部分个体已对特定病原体具有免疫力，以致一个已患病个体在此群体中传染他人的可能性变小）方面起着重要作用。

而流感疫苗并非如此。流感疫苗必须每年接种，而且即使接种了疫苗，也有可能患上流感。

为什么会发生这种情况呢？

原因有两个。一是存在接种疫苗也无法产生有效免疫反应的低反应性个体。疫苗相当于给人体增加负担的训练，对原本就无法承受这种训练的个体而言是没有效果的。二是流感病毒会不断变异。

　　而且，在考虑疫苗是否有效这个问题之前，不能无视疫苗本身具有的危险性。疫苗是人工培养而成的，培养过程无论如何严谨都有可能发生污染，无法做到彻底无菌化。因此有人指出，在疫苗的培养过程中可能混入各种有害的微生物，导致原本的病毒变异，新的病毒就此出现。

　　在这种情况下，如果能通过饮食增强免疫力，那么即使疫苗还没有被开发出来，感染病毒后也可能只出现轻微症状。

　　那么疫苗开发出来之后会发生什么情况呢？免疫力强的人接种疫苗后，疫苗能发挥最大的作用，同时不良反应被控制到最小。

　　与其依赖可靠性未知的疫苗，不如在日常生活中注意饮食，为健康打下良好的基础。

过度肥胖：万病之源

代谢综合征会引起什么后果？

　　某家制药公司要求员工每周测量一次体重，这家公司会记录员工的体重指数并对员工提出相应的建议。

　　对一家做健康生意的公司而言，将体重指数作为评估员工是否健康的标准之一，是一件必不可少的事情。

　　即使不涉及企业管理，不过度肥胖对任何人来说也都很重要。肥胖不仅会引发高血压、糖尿病，还会损害大脑。

　　肌肉量与心脏和大脑的功能有关，肌肉系统在人体功能正常运转方面起着重要的作用，所以保持肌肉量很重要，如果做不到，心脏就会衰弱，大脑也无法正常运转。

　　肌肉和脂肪是由同一种细胞分化而成的。也就是说，脂肪量过度增加的人无法保持肌肉量，其心脏和大脑也会亮起危险信号。我的美国恩师曾说过："人越胖，脑子越小。"这并不是空口无凭。

英国已有研究证明，肥胖会对流体智力（fluid intelligence）造成不利影响。

流体智力是在无固定答案的情况下，个体表现出的信息加工、随机应变和解决问题的能力，如知觉、记忆、运算速度、推理能力等；与流体智力对应的是晶体智力（crystallized intelligence），如字面意义所示，晶体智力是不流动的智力，也就是在有固定答案的情况下，个体依据事实性资料的记忆、辨认和理解来解决问题的能力，如在考试或智力问答中取得高分的能力。

过去，人们称赞晶体智力高的人"知识渊博"。但如今，晶体智力已经不那么重要了，因为大多数问题只需上网一查就能找到答案，人工智能几乎什么都能告诉我们。

如今，**流体智力更受重视**。今后可能出现未知病毒，地震和台风等自然灾害也可能增加。在这种情况下，只有能够立即做出正确判断的人才能活下来。

当然，现在的商业环境在不断变化，你如果想在竞争中脱颖而出，就不能让流体智力下降。

代谢综合征是人体的蛋白质、脂类、糖类等物质发生代谢紊乱的病理状态。脂肪（特别是内脏脂肪）增加后，血压水平和血糖水平就会升高，导致动脉硬化程度加深，身体越来越差。

混乱的饮食结构和不规律的生活习惯会引起代谢综合征，进而导致心血管疾病、脑血管疾病和肾病等严重的疾病（详见图5-4）。

也就是说，内脏脂肪过度增加会导致个体更快地走向死亡。

从生物学的角度上看，某种生物食用其他生物可以吃、但自己的身体无法消化的食物（如猫、狗食用人类吃的巧克力），会导致体内代谢紊乱，严重的话甚至会死亡。这是自然规律。

我认为，人类身上经常发生同样的事，这可能就是人类的"自我毁灭"。

图5-4　不规律的生活习惯和混乱的饮食结构可能导致的可怕后果

［资料来源：伊藤裕.日本临牀，61（10），1837-1843,3003］

主动成为
自己的主治医生

坚信"多喝牛奶对身体好"可能适得其反

　　一种食物对某些人来说不算什么，对另一些人来说却会造成过敏等严重危害。

　　我曾接待过一位为关节疼痛而苦恼的女性。她的关节疼痛不是风湿病造成的，医生也无法给出具体的原因，她为此痛苦了很长一段时间。详细检查后，我发现她对牛奶和蛋清有非常强烈的过敏反应，而她坚信"多喝牛奶对身体好"，每天都喝很多牛奶，结果却适得其反。

　　于是我要求她不再喝牛奶，之后她的症状就彻底消失了。

　　儿童的自闭症与他们的饮食并非毫无关系。研究人员在自闭症儿童的尿液中检测出了牛奶中的酪蛋白、面粉中的谷蛋白等蛋白质。由于这些儿童体内缺乏相应的消化酶，这些蛋白质没有被消化成氨基酸，而是作为无法被识别的外来物质进入了消化道和大脑，使免疫系统负担过大，引发一系列疾病。

此外，研究结果表明，酪蛋白和谷蛋白可能引发多动症。只要尿液中有酪蛋白的孩子不再喝牛奶，尿液中有谷蛋白的孩子不再吃面食，这些孩子的多动症就能得到很大改善。

而且，即使同样是自闭症，不同孩子的症状也不完全相同。不仅是面对自闭症，面对任何疾病，每个人都必须思考自己的饮食方式是否合理。

顺带一提，男性不需要补铁。而且如果他们喜欢吃动物肝脏等食物，反而会导致体内的铁过量。

铁过量容易引起脂质过氧化，因此"为了保护肝脏，喝酒时要吃动物肝脏"是毫无道理的。

另外，没有绝经的女性容易缺铁，她们不能和男性采取相同的饮食方式。

患者在满尾诊疗中心做血液检查时，医生会检测患者的血铁水平和铁蛋白水平，以观察患者的矿物质代谢情况。

血铁水平指血液中铁的含量，相当于钱包中的钱；而铁蛋白水平指体内贮存铁的蛋白质的量，相当于银行中的存款余额。即使钱包里没有钱，但只要银行里有足够的存款就没问题。因此，比起血铁水平，铁蛋白水平更重要。

但是，普通体检时不会检查铁蛋白水平，对没有绝经的女性来说，饮食方式和生活习惯稍不注意，这项指标就会立即下降。

根据年龄和性别，以及每个人所处的生活环境，需要认真检查的项目有所不同。但普通体检很难做到这一点。

正因如此，你最应该依靠的是自己的认知水平。

现在就是每个人都必须认识到"自己才是自己的主治医生"的时代，也就是说，想要增强免疫力、维持健康、预防衰老，只能依靠自己。

在现代生活中，能够从中享受到最大的乐趣，同时必须给予最多关注的就是饮食。能够决定你的饮食方式和生活习惯的人不是医生，也不是营养师，而是你自己。你必须做好充分的准备，及时做出判断，不断实践，管理自身健康水平，这是不言自明的道理。

免疫力是最重要的
"健康资产"

感谢你读到这里。

俗话说得好，"失去健康后才知道健康的宝贵"，健康并不是理所当然的事。

还有一句俗语是"小病不断，大病不犯"，意思是生小病能让人更加积极地管理自己的健康状况，因此不生大病，人就能长寿。

在新冠疫情中，我们并非一无所获。很多人前所未有地投入大量精力思考该如何保护自己和家人的健康，积极地进行健康管理并采取措施预防传染病。虽然还没有达到"小病不断，大病不犯"的程度，但很多人都重新审视了自己。

我在前文中提到，近一半的新冠肺炎患者是无症状感染者。在无症状感染者中，年轻人更多，而且年龄较大的患者也分为重症患者和轻症患者。

感染病毒后，决定症状轻重的最重要因素是什么呢？

我多次强调，决定症状轻重的最重要因素是免疫力的强弱。正因如此，我才在本书中将"增强并维持免疫力是多么重要"尽可能讲述得浅显易懂。

强大的免疫力能抵抗病毒入侵、预防癌变甚至杀死肿瘤细胞。免疫力强的人，不论是感染了新的病毒还是细胞发生癌变，身体都能妥善处理；而免疫力弱的人，即使患小病也可能出现性命攸关的问题。

可以说，强大的免疫力是高于一切的"健康资产"。

为了增加这种无可替代的"资产"，你要进行的

"投资项目"就是改善饮食方式和生活习惯。

　　只要在美国或其他没有全民医疗保险制度的国家体验过一次费用高昂的医疗，就能切身体会到全民医疗保险制度的好处。但是，全民医疗保险制度的缺点是会让人们很难意识到想拥有健康的身体只能靠自己。

　　当医疗费用低廉成为理所当然，人们的健康管理意识就会松懈。

▍"独立生活到 100 岁的人"的秘密

你一定要知道"健康寿命"这个词。健康寿命指在不借助他人的帮助，能独立完成吃饭、洗澡和排泄等日常生活行为的状态下生存的年龄。

然而在"长寿大国"日本，平均寿命和平均健康寿命的差距已经成为重要的问题。

根据日本厚生劳动省发布的报告，2018年日本人的平均寿命为男性81岁、女性87岁，而平均健康寿命为男性72岁、女性75岁。

也就是说，男性大约有9年、女性大约有12年无法独立生活。

另一方面，很多人直到100岁都能用自己的头脑做出判断，用自己的牙齿咀嚼食物，排泄和洗澡也不需要他人的帮助。

这种差别是如何产生的呢？我认为，这是每个人的日常生活习惯带来的影响不断积累导致的。

日常生活习惯有四根基本的支柱——"饮食""运动""心态"和"睡眠"。其中最重要的是"饮食"，本书根据现代人的体质和生活习惯，尽可能地深入介绍了有关饮食的知识。

人体是有使用期限的"租赁物"，是类似于"终身租赁车"的东西。租赁期间如何对待这个租赁物，是生是死，最终依靠的都是承租人自己的判断。而人的日常饮食就相当于汽车的汽油。如果不能摄入合适的营养素，人体就无法完美地发挥功能。

"适量摄入必需营养素，尽可能地避免摄入有害物质"虽然说起来很简单，但将它融入日常生活是非常难的。

"营养医学是与所有医学门类相通的学问。"这是我在哈佛大学时的恩师维莫尔教授对我的教诲。

对必须维持并增强免疫力的现代人而言，掌握自身的健康情况，管理自身的营养状况，不仅能预防感染，还能带来健康和长寿。

如果本书对你的健康有所助益，我将不胜荣幸。

发明大王爱迪生在大约100年前说："未来的医生不开药，而是引导患者关注自己的身体结构和功能、改善饮食并在了解疾病成因的基础上治疗和预防疾病。"这句话仿佛预言。我希望爱迪生口中的世界早日到来。

写于台风后的早晨　满尾正

2020年9月

参考文献

- Yasuda et al.Men's Health Gender 2007.
- Hollck MF,Vitamin D. deficiency N Engl J Med 2007；357：266-81.
- Calabrese LH.Cytokine storm and the prospects for immunotherapy with COVID-19.Cleve Clin J Med 2020;:ccc008.1-3.
- Grant WB,Lahore H,McDonnell SL,et al.Evidence that Vitamin D Supplementation Could Reduce Risk of Influenza and COVID-19 Infections and Deaths.
- Hollck MF,Vitamin D. In Modern Nutrition In Health and Disease.
- Lippincott Williams&Wikins.2006,p.376-395.
- Mitsuo T,Nakao M.Vitamin D and anti-aging medicine.Clin Calcium 2008;18(7):980-5.
- Liu PT,Stenger S,Li H,Wenzel L,et al.Toll-like receptor triggering of a vitamin D-mediated human antimicrobial response.Science.2006 Mar 24;311(5768):1770-3.
- Adorini,L.,Penna,G.Dendritic cell tolerogenicity:a key mechanism in immunomodelation by vitamin D receptor agonists.Hum Immunol.2009:70:345-352.
- N.C.Harvey and M.T.Cantorna. Vitamin D and immune

system,In:CalderIn PC editor. Diet,Immunity and Inflammation.(Woodhead Publishing Series in Food Science,Technology and Nutrition).Elsevier Science.2013. Chapter 9.

- Itoh M, Tomio J, Toyokawa S,et al. Vitamin D-Deficient Rickets in Japan.Glob Pediatr Health. 2017; 4: 2333794X17711342.
- Urashima M,Segawa T,Okazaki M,et al.Randomized trial of vitamin D supplementation to prevent seasonal influenza A in schoolchildren.Am J Clin Nutr 2010;91(5):1255-60.
- Cannell JJ,Zasloff M,Garland CF,et al.On the epidemiology of influenza.Virol J 2008;5(1):29-12.
- Urashima M,Mezawa H,Noya M,Effects of vitamin D supplements on influenza A illness during the 2009 H1N1 pandemic:a randomized controlled trial.Food Funct 2014:5(9):2365-70.
- Martineau AR,Jolliffe DA,Hooper RL,et al.Vitamin D supplementation to prevent acute respiratory tract infections:systematic review and meta-analysis of individual participant data.BMJ 2017:356:i6583.1-14.
- Petre Cristian Ilie PC,Stefanescu S,Smith L.The Role of Vitamin D in the Prevention of Coronavirus Disease 2019 Infection and Mortality.Aging Clin Exp Res.2020 May 6:1-4.
- Mean vitamin D levels per courtry versus COVID-19 cases and mortality/IM population.

参考文献

- Raharusun P,Priambada S,Budiarti-C,et al.Patterns of COVID-19 Mortality and Vitamin D:An Indonesian Study. April 26,2020.
- Jakovac H.COVID-19 and vitamin D-Is there a link and an opportunity for intervention?Am J Physiol Endocrinol Metab.2020:318(5):E589-9.
- N Engl Med 2007:357:266-281.
- JAMA.2019;321(14):1361-1369.doi:10.1001/jama.2019.2210.
- J.Clin.Endocrinol.Metab.96,643-654(2011).
- Ito, M.et.al.Vitamin D-Deficient Rickets in Japan.Glob Pediatric Health 4,1-5,(2017).
- Am J Clin Nutr.2020;111(1):52-60.
- The Effects of Oral Magnesium Supplementation on Glycemic Response amog Type2 Diabetes Patients. Nutrients.2018 Dec 26;11(1).
- Am J Clin Nutr.2016;Mar;103(3):942-51.doi:10.3945/ajcn.115.115188.Epub 2016 Jan 27.
- Clin Nutr.2018 Apr;37(2):667-674.doi:10.1016/j.clnu.2017.02.010.Epub 2017 Feb 28.
- J Lab Clin Med.1990 Nov;116(5):737-49.
- Circulation.2005 Oct 25;112(17):2627-33.Relation between serum phosphate level and cardiovascular event rate in people with coronary disease.
- BMJ.2020;368:m34.Published 2020 Jan 29.

- Nutr J.2015;14:64.Published online 2015 Jun 28.doi:10.1186/s12937-015-0052-x.
- Am J Clin Nutr.2019 Jun I;109(6):1738-1745.
- Alzheimer's Disease N Engl J Med 2010;362:329-244 doiI:10.1056/NEJMra0909142.
- Aluminum and silica in drinking water and the risk of Alzheimer's disease or cognitive decline:findings from 15-year follow-up of the PAQUID cohort Am J Epidemiol.2009 Feb 15:169(4):389-96.doi:10.1093/aje/kwn348. Epub 2008 Dec 8.
- Link between Aluminum and the Pathogenesis of Alzheimer's Disease:The Integration of the Aluminum and Amyloid Cascade Hypotheses International Journal of Alzheimer's Disease Volume 2011,Article ID 276393,17 doi:10,4061/2011/276393.
- Nutrients.2018 Sep;10(9):1202.
- Sender R,Fuchs S,Milo R(2016)Revised Estimates for the Number of Human and Bacteria Cells in the Body.PLoS Biol 14(8):e1002533.
- Fiona S.Atkinson,Kaye Foster-Powell,and Jennie C.Brand-Miller in the December 2008 issue of Diabetes Care,Vol.31 number 12,pages 2281-2283.
- Finch and Mobbs,in Biological Markers of Aging 1982 p30-41.
- Brain,Behavior,and Immunity.2019;82:396-405.

- 伊藤裕.日本臨牀，61（10），1837-1843, 3003.
- 日本厚生劳动省《人口动态统计》。
- 日本文部科学省《食品成分数据库》。